梁瓊白的五心級抗癌美食

修訂版

梁瓊白——著

總目錄

Contents

第四部 關心—癌症病人的療癒美食

Contents

第五部 恆心—點燃活力的抗癌運動

Contents

不花錢的保健法

主題目錄

專文推薦／余本隆
和信治癌中心醫院一般外科資深主治醫師

看待癌症治療飲食問題的方式更加成熟多元

認識梁老師已經四年多了，一直覺得她對疾病的看法相當正面，值得其他病友們參考。她的性子急，生活步調快，但在面對問題時，能夠定下來冷靜面對問題，接受現況並做理性科學分析，以正面積極態度來解決問題。很多病人在得知罹患癌症後陷入恐慌，而無法理性思考好好配合治療計劃進行，甚至拒絕接受疾病及相關治療，到處詢問一些毫無證據支持的治療方式。

本書是梁老師生病後第二本有關癌症病人飲食的書籍，在走過艱辛的治療過程數年後，她累積了許多與病友們溝通的心得與自身的經驗，看待癌症治療飲食問題的方式更加成熟多元。

書中提出許多重要卻易被大家忽略的名言，看了不禁讓人想用紅筆圈註起來，像是『**病人必須靠食物來攝取營養而不是靠藥物來維持體力**』。中國人養生以食為本，藥物是用來治療疾病，透過食物攝取足夠的營養才是體力的來源。今日營養學在醫療體系中扮演的角色日益重要，「吃」對一般人也許很容易，但對化學治療的病人，往往山珍海味到了眼前也食不下咽。知道該吃什麼似乎並不困難，如何才能將該吃的食物好好吃下去，這是許多接受化療病人面臨的大問題。書中除了介紹化療病人需要知道的飲食注意事項外，告訴大家如何善用不同烹調技巧來讓食物吃得下去。有個病人的先生每餐煎一塊牛排要給老婆補充營養，幾天後老婆大人一聞到牛排味道就反胃了，透過梁老師的方法，也許偶爾涮牛肉片，偶爾改做涼拌牛肉絲，加些不同的調味方式，就可以增加食物的接受度了。而且她告訴大家『**食用當季簡單可取得的食物，貴的不一定好**』，提醒大家注意就近新鮮本身就是不可取代的珍貴資源，也是減少碳排放的環保愛地球方式。

在接受癌症治療的過程中，許多關心自己的家人朋友常會提出許多不同飲食及治療建議，甚至送了一些昂貴的食材補品。書中梁老師提出她的應對之道，她尊重專業，對於別人的建議接受其關心自己的心意，但內容不要照單全收。否則吃了反效果，反而落了個自己傷身別人也傷心的結果。

我常告訴病人，跌倒了，可以哭一下子，但擦乾眼淚後仍得勇敢地站起來，拍拍屁股向前走。**別人可以伸手拉你，但不能替你站起來。梁老師順利走過治療歷程，她用自己的專業解決了化療過程中飲食的問題，更推己及人地希望透過她的專業協助其他正面臨相同問題的人。**在有幸拜讀本書初稿之後，我完全肯定她寫此書的專業與用心。誠如書中所說『只要有同理心就不會幸災樂禍，只要不加油添醋，人與人之間的相處就會變得單純』，衷心希望共同生活在這美麗島嶼的每個人，都能捐棄己見彼此扶持，貢獻自己的專業，來讓我們的生活更美好。

修訂版序／梁瓊白

十年努力，終於擺脫復發的高危險

曾經聽過有人說得癌症是遭報應，其實更準確的說應該是生活方式出現了嚴重的失誤，我得癌症之前，仗著自己還年輕、體力好，無論作息、飲食、運動，總是超時超量率性而為，加上在此之前未曾有過重病記錄，所以完全沒有想到會生病，而且是令人聞之色變的癌症，被確診的當下，難過、沮喪自是難免，還好當機立斷立刻接受治療，過程雖然辛苦也總算熬過去了，後來還能以自身的經驗鼓勵一些同樣得病的朋友、讀者，生病的人就是不要鑽牛角尖、自怨怨自艾，只要走進醫院，看看同病相憐的其他人，就會發現自己不是最倒楣的一個。

記得剛開始接受治療的時候，醫院診間的病人雖多，但還不到擁擠的程度，停車場即使去晚了，多繞兩圈也還可以找到停車位，後來發現停車越來越困難，候診的人不知不覺中也好像越來越多了，可見經過這些年得病的人已經在慢慢增加中。乳癌早已成為女性罹患率最高的癌症了，我經過十年的努力才擺脫各種可能復發或轉移的高危險群，但是因為乳癌去世的案例仍然時有所聞，前不久朋友的弟媳才因為乳癌去世，讓我感到震撼。**雖然癌症不等於絕症，但是痊癒也不保證永無後患，醫師治療的是病灶，之後的養生保健還是要靠自己。**

癌症的原因很多，卻也不是絕對，都說乳癌發生的因素有遺傳、飲食、生活習慣，我不知道自己哪個環節出了差錯，只是它既然找上我，問天拜佛也未必有答案，只能全力對抗。幸虧個性中有那麼點積極決斷的基因，才毫不猶豫的馬上接受手術以及後續的化療。痛苦當然是絕對的，但如果不是當初置之死地而後生的決心，我就沒有重新站起來的今天。十年過去了，看似轉眼之間，卻也是滴水穿石般的磨練著自己的心性，我不敢說精進了多少，但方方面面的修正還是有的。

比如以前說風就是雨、劍及履及、想到就做、做了再說的脾性如今收斂多了，以前對人對事總用自己的觀點和角度去要求，一旦有落差便絲毫不妥協的暴怒，既造成別人的壓力也讓自己不開心，其實人也好、事也好，成敗得失冥冥中自有定數，該你的總有你的、也才是你的，努力了就好、盡心了就好，名利財富雖不嫌多，但沒有了健康，那些都只是符號而已。

我以前很喜歡甜食，半天吃掉一盒巧克力是常有的事，後來因為看了一些報導說糖吃多了對身體尤其是癌症非常不利，便戒了甜食，偶而吃吃也只是微量或降低甜度，對於燒烤、油炸、煙燻的食物則是極少碰觸，日常飲食力求清淡、蔬菜水果多過肉食，晚上不接受應酬、作息規律，這都是這些年慢慢修正過來的，如果問一場病改變了我甚麼，大概是翻轉了許多與過去不同的思維與習慣吧。

也許是得過癌症的人對自己身體的任何反應都比較敏感，以我自己來說，只要身上哪裡有點不舒服或病痛，很容易就想入非非，也因為這種草木皆兵的神經質，讓我只要某個部位持續出現癥兆，就會盡快或上網、或門診、或體檢的找出答案，但始終堅持的一點是絕不聽信非專業者的建議或推薦，也沒買過或吃過坊間任何保健食品，有人提供偏方我也只是聽聽而已，絕不當實驗的白老鼠。我無法抵抗病痛找上我，但絕對拒絕道聽途說的誤導，如此正向、安分，如果還有意外，那就算天意吧，想開了，人生也就這麼回事，只是風景不同而已。

沮喪、恐懼、無助、還有憤怒，都是癌症病人可能的情緒反應，但是疾病不會因為這些情緒而消失或減少，因此情緒過後要讓心情平復下來，認真面對、接受事實，然後冷靜思考治療之路。

只要及早接受治療，重新檢視，並且調整生活作息與飲食、心靈，重拾健康幸福人生並非遙不可及。

第一部

信心—
我要活著戰勝癌症

癌症不等於絕症——接受它，送走它

二〇〇九年，我被檢查出罹患乳癌的時候，當下有如晴空霹靂的震撼，心情的沮喪當然難免，甚至有來日無多的悲觀。對一個極少生病的人來說也許不能接受，但是對現代人而言，得癌症其實是很容易的，因為現在的生活環境、工作壓力、飲食習慣等，都可能直接或間接的影響到身體的變化，稍一失衡，疾病便上身，更嚴重的可能就跟癌症掛上等號了。不過，值得慶幸的是，現代的醫學發達，很多嚴重的病都有被治癒的可能，因此即便是癌症也未必只能等待死亡。

沮喪、恐懼、無助、還有憤怒，都是癌症病人可能的情緒反應，但是疾病不會因為這些情緒而消失或減少，因此情緒過後要讓心情平復下來，認真面對、接受事實，然後冷靜思考治療之路。

因為，即使不幸得了癌症，只要及早接受治療，重新檢視，並且調整生活作息與飲食、心靈，重拾健康人生並非遙不可及。

回想在得知罹癌的當下，心情是複雜的，以我的個性，我一向不喜歡麻煩別人，也不希望讓別人為我擔心，如果是其他事，我或許就自己解決算了，但是癌症有可能危及我的生命，萬一我倒下，我會放心不下很多事，例如長年臥病的丈夫、兒女的生活、家中經濟的安排、還有公司的員工等等。

在第一時間我的感情當然是脆弱的，連開口說話都會哽咽，也曾經一個人在房間嚎啕大哭，但是另一個念頭又提醒我，哭不是解決問題的辦法，因此擦乾眼淚我必須讓自己堅強的站起來，然後一件件的安排、處理最需要交代的事情，甚至寫下遺囑，以防萬一，然後直接告訴家人和同事我的病情，以及即將展開的療程，然後投入一連串的抗癌計畫。

我很慶幸我的病況沒有想像的那麼糟，雖然治療過程受了不少苦，但是因為對最壞的結果都做了最好的心理準備，所以在家人和同事的協助下，可以讓我沒有後顧之憂的去安心治病，因此我覺得必須**病人自己不慌亂，才不會造成別人的慌亂，病人自己要有信心才能讓身邊的人有信心。**

生病的那段時間，由於家裡一直僱有幫傭幫忙，因此家庭生活的影響並不大，只是連我也生病後，幫傭的工作便也增加了照顧我的部分，還好我只是不舒服的時候請她遞個水或煮點簡單的食物而已，其他時間我都在休息或臥床，醒著的時候就看書、聽音樂，並不需要特別護理。因為有幫傭的幫忙，我完全不必煩惱家務；而且我的兩個孩子都已成人，可以自己照顧自己和安排自己的生活；至於公司的事我也很慶幸都是資深員工的她們，早已熟悉公司的作業流程，因此即使在我生病期間，她們都很自動自發的互相協調，讓公司正常運轉，一直到我恢復健康回到公司，外間甚至還不知道我生了這麼一場大病呢，所以，**冷靜面對是病人最重要的心態。**

治病靠醫生，養生靠自己——勇敢面對，把身體養好

生病讓人無助，得癌症讓人恐慌，面對不可預知的未來，病人首先要做的是穩定情緒、面對事實，然後選擇正規的醫院、選擇您信賴的醫師，把治療工作交給醫院，**做個合作的病人，跟醫師一起讓病痛遠離**。

生病最怕道聽塗說的偏方和非專業人士的非專業建議。尤其是得了癌症，不管是出自關懷或熱心，總有各式各樣的建言，甚至提供各種偏方，如果病人自己也病急亂投醫、來者不拒的話，除了會讓自己像白老鼠一樣被實驗之外，對病情不會有更好的幫助，甚至有可能延誤或影響治療，反而是欲速而不達。

▲生病治療期間病人要跟醫師一起互助合作，才能讓身體恢復健康，遠離病痛。

病人因為心情低落而求助於宗教，求取心靈的平靜無可厚非，但如果遇到不肖人士的加油添醋時，病人一定要有自己的主見，才能避免未蒙其利反受其害。記得我剛生病時，就有人跟我說得癌症是遭到報應，是上輩子做了很多壞事讓前世今生的冤親債主來催討的結果，建議我應該去廟裡點燈、誦經超度、還要捐功德。我雖然尊敬神祇的存在，但對如此抽象的指控很不以為然，對那麼不具體的指引也難被說服，我對任何宗教向來以平常心看待，我認為如果醫生都治不好的病，宗教也不會好，奇蹟的出現應該是醫師的治療占百分之八十，宗教的信念占百分之二十，我相信神的存在，不管祂的名字是觀世音、耶穌或天主。

幸運的是我的乳癌得到很好的治療，經由手術、化療以及定期回診的照護，我正逐步走回健康中，距離完全康復越來越接近。但我畢竟得過癌症，身體的機能經過化療的摧殘，不可能還跟生病前一樣，因此如何調養身體，增強自己的抵抗力，甚至在恢復健康後要讓身體更好，是我積極要做的努力，也是我必須學習的，我常跟朋友說，閻王爺不收壞人，所以要我活著繼續反省，**既然可以繼續活，就要讓自己健健康康的**。

我罹患的是乳癌第二期，但由於病灶發生在右邊靠近乳頭的部位，因此醫生評估後還是決定整個切除，對一個女人而言，乳房是非常重要的女性特徵，乳房整個切除後外觀上當然是很大的瑕疵，記得剛從手術房回到病房，恢復意識後，右邊胸口麻醉退後的隱隱作痛，下意識隔著厚厚的紗布去撫摸那個空出一片平坦的胸部時，心裏還是很難過，但是為了保命、為了健康、只能接受。

乳癌手術以我就醫的醫院規定是三天就出院，回到家等待復原的過程，最大的麻煩是盥洗工作，因為右手臂舉不起來，洗澡更麻煩，右手不能動，有很多動作便無法做，我女兒要上班，而且要照顧小孩，無法麻煩她，又不習慣請幫傭幫忙，所以只能自己艱難的學著慢慢處理，包括換紗布、上藥我都盡量自己來，幸好那時候的季節是冬天，頭幾天可以用擦澡的方式，等傷口好些了再洗澡，靠著蓮蓬頭的控制，只要避開傷口的部位，還是可以洗得很舒服，身上乾淨了才能睡好覺。

雖然少了一個乳房，外觀上很不對稱，但是我的主治醫師並沒有問我是否需要做乳房重建的問題，大概我的年紀比較沒有這麼迫切吧！**一般做乳房重建的切除法跟不做重建是有點不同的❶**（詳見第50頁），像我，直接切除就可以了，而重建的話就需要保留那層皮膚，塞進鹽水袋的時候才不會出現膚色的差異性，我當時都快六十歲了，自己也沒有重建乳房的意願，另外的考量是剛動完手術，傷口還沒好又要急著塞個東西進去填補，雖然手術完成後立即接著做乳房重建會比較密合，但是我還是不放心，因此就算了，決定日後痊癒之後就用人工義乳，雖然有不方便的地方，但時間久了、習慣了也就適應了。

不病急亂投醫

當發現身體出現異狀，又經由醫學檢驗證實生病後，接下來的治療很容易會出現猶豫，就以癌症來說，坊間有很多偏方、自然療法或是採用中醫等治療建議，但是，不可否認，癌症到目前為止，手術切除還是比較正確有效的治療法。

癌症是身體器官出現了惡細胞的腫瘤，如果不切除，讓它繼續留在體內，只靠服用偏方、食療、或是氣功、瑜伽運動就能讓它消失，我是存疑的。也許有成功的案例，但是值不值得用可能因延誤治療而惡化的後果去冒險，病人要三思，畢竟生命是可貴的，癌症不是絕症，但不正確的治療，就是有可能會死的病症。

被判定罹癌，患者的感受是複雜的，即便平時就研讀各種醫療常識的人，也未必對各種病症完全清楚，此時，聽從專業醫師的建議非常重要，當然，我也建議面對如此重大的疾病，可以聽聽不同醫師的評估，甚至多找兩位醫師確診後再去面對治療選擇。

我有一個弟弟多年前大腿內側出現皮膚病變的時候，他在南部某家醫院檢查後，醫生告訴他是癌症，屬於皮膚癌之類的，要把那個部位的肉切除，萬一效果不理想有可能截肢，頓時愁雲慘霧，我們所有人都慌了，他自己也非常沮喪的住院準備開刀，他的妻小更是惶惶不安，大家都陷入最壞的忐忑中，沒想到住院後，醫師居然搞不清楚他要治療哪裡，如此重大疾病，醫師的態度竟然這麼迷糊，那之前的檢驗是否有草率之處呢？

我馬上建議他出院，並且立刻到台北癌症專門醫院重新檢驗，經過切片，完全跟癌症無關，只是發炎，服藥治療就好，這種親人的體驗讓我深深覺得，**面對手術或判定為重大疾病的時候，一定要找不同的醫院和醫師再檢驗**，雖然我們應該尊重他們的專業，但是不可否認，醫師也有不夠謹慎的，如果當初弟弟就乖乖的接受手術，被挖了一塊肉之後才發現沒那麼嚴重，或者是誤判，那不是很冤嗎？如果因為手術造成的傷害，事後又豈能彌補？我當初也是經過不同的醫院和醫師，透過儀器和檢驗報告確認後，才接受事實，並且選擇自己適合的醫院進行治療的。

有些比較執著宗教信仰的人，對於疾病的解讀，並不用醫學角度而是陷入因果的迷思中，生病把信心寄託於神祇，把治療交給非專業的法術，非常容易耽誤病情。以乳癌來說，手術會造成外觀的改變，化療會落髮甚至影響食慾、心情，往往未進入就開始恐懼，如果有人提供偏方或不同療法，很可能讓病人的選擇轉移而延誤了治療期，我不敢說除了西醫療程之外，其他治療方式都無效，全看病患本人對醫療的信心和對醫院、醫師的信任，但是對於沒有根據的各種藥物和民間療法，我覺得還是謹慎些比較好，如果嘗試後無效再回頭，說不定已經錯過黃金治療期，若因此讓病情惡化，代價就太大了。

因為怕死，所以要健康活著——心態是決定勝敗的關鍵

沒生過大病的人無法體會生病歷經的痛苦與折磨，沒得過癌症的人也不會瞭解患者面對癌症的無助與恐慌，那種跟死亡對峙的壓力與煎熬，是生命中最大的考驗，也唯有那當下，讓人覺悟到只有健康才是最重要、最珍貴的，世上的名利、財富如果沒有了健康，都只是虛幻泡影，這就回歸到一句老生常談：「沒有命，什麼都是假的。」

走過鬼門關還能健康活著，是上天賜予的恩典，也是給自己再一次機會檢視生命、看顧健康，**「活著」是我們一致的心願，但要活得健康才有意義**。

生病的因素很多，飲食絕對是其中之一，不良的飲食習慣或過度偏重某些不是很健康的食物，長期累積在體內，便可能成為致病的肇因，除了高脂肪、高糖、高鹽容易導致心血管疾病外，也是很多疾病應該避免的，此外煙燻、醃漬、燒烤等烹飪方式，也許口感上可以讓人得到滿足，卻是非常不健康的食用方式，因此要改變飲食，首先要完全拒絕這些食物和烹調法。

那什麼樣的烹調方式是健康的呢？**清蒸、水煮、汆燙。保持食物的原味，作法越簡**

單、越能嚐出食物的新鮮度。

但是，不可否認這些健康的烹調法雖然爽口，吃多了不免覺得過於清淡，補救的方法就是利用調味料和辛香料來補足，例如燙青菜可以添加蒜蓉或蒜酥來增加香氣，水煮的肉類可以利用添加了蔥薑蒜的調味料讓味道更豐富，清蒸的肉類、海鮮則可添加炒過的豆豉、樹子一起蒸，或蒸好之後將炒香的調味料（**蔥薑蒜末、辣椒末和醬油糖醋等**）淋在上面，讓食材的色澤和口感都更有吸引食慾的條件。

此外，保持樂觀的心情是病人非常重要的心理建設。生病固然不

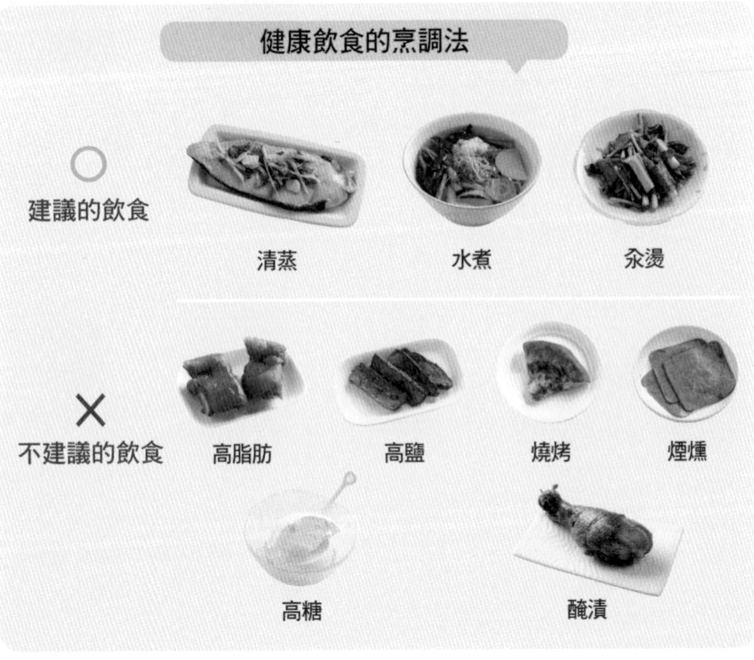

開心，但是愁眉苦臉、悲觀消極、對病情更無益，既然改變不了事實就積極面對、配合治療，以現在的醫療技術，很多病症的療癒效果都進步很多，作為病人實在不必先把自己困在最壞的假設裡，只要盡了最大的努力，如果還是不能改善，就認命接受，不必怨天尤人，徒然增加親人的痛苦，人生自古誰無死？生病雖然很無奈，但是比起各種無法預期的天災橫

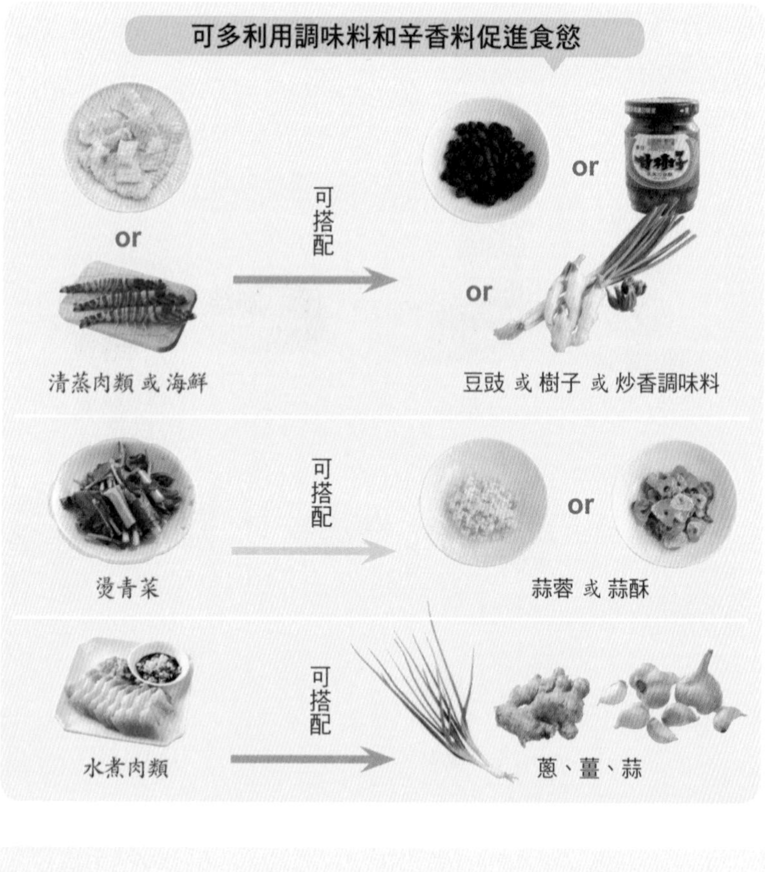

禍，生病絕對可以從容的為自己、為別人做好安排，也就是**做最壞的打算、最好的準備，心態是決定勝敗的關鍵，千萬不要被自己的悲觀打敗了**。

我在生病期間常常跟一些有相同病症的人一起吃飯、聊天，覺得這樣的互動可以分散自己自怨自艾的心態，**同時也去瞭解別人的病況，互相加油打氣並引導自己正面的思考**，例如有的病友情況比我還嚴重，但是她已經超過五年而且還活得很健康，有的乳癌患者手術面積比我大、有的副作用比我多，但是我們都以對方作為鼓勵自己的範本，這樣的思考模式對病人是很有幫助的，就連吃飯我們也會因為大家在一起，而變得食慾比較好。所以**千萬不要一個人困在自我的情緒漩渦裡，多接觸外界、多敞開心胸、接納別人，才是最好的精神療癒**。

生病也許不幸，但想想有多少人的病情連被治療的機會都沒有，而自己經過手術、經過化療、又可以回到生活的常軌，只要好好遵守醫師的囑咐、配合治療就可以繼續活下去，而且健康狀況會越來越好，還有什麼可怨艾的呢？

得癌症固然不是好事，但也不是見不得人的事；到處訴說、博取同情大可不必，隱隱瞞瞞自怨自艾那又何苦？我自己走過來之後，很多機會在參與一些乳癌病友的活動或是應邀演講時，更能以同理心去看待同樣罹癌的病友，還在治療期的人，通常可以從她的假髮或頭巾去辨識，這時我會主動跟她說：「我們是同學」，讓她知道與我同類，有認同感之後再交換心得，這時新病人有可能問一些問題，我知道的就告訴她，或把我個人的例子提供她參考，不清楚的就建議她去請教專業，例如醫師或營養師之類，其實坊間有很多服務乳癌病人的基金會和協會，裡面的志工都曾經是乳癌病人，透過她們的協助或現身說法，對於新病友或對乳癌方面有任何諮詢都可以得到很好的協助。

為了拓展生活領域，調劑生活、增加見聞、或社交，有時間的話也可以加入她們的社團，有那麼多人一起抗癌，絕對可以杜絕哀傷，**不要封閉自己才能讓心情開朗**、**對生命樂觀**，何況看到那麼多跟自己同樣得乳癌的人都能活得好好的，不也可以增加自己的信心嗎？

▲敞開心靈與病友交換心得，互相安慰及鼓勵，就是最好的心靈療癒。

樂觀面對，正面思考——笑臉絕對比哭臉好

生病使人愁苦，但是千萬不要讓生病成為自己悲觀的理由，尤其我們周遭的親朋好友，當他們知道病人得了癌症的時候，都會抱著悲憫的心情給予各種各樣的慰問，這時候如果病人表現得很樂觀，探病者就會感覺輕鬆，若是病人自己充滿怨懟，表情淒苦、口氣哀傷，就會感染探病者也變得沉重了。

親人也許逃不掉而必須一同分擔病人的心情，但對朋友來說，卻可能因此造成負擔而想逃離，畢竟**同情是有限的**，**沒有人願意一再面對愁苦、哀傷與絕望**，久病床前尚且無孝子，何況朋友又有什麼義務老是面對一個病人不斷的陳訴？所以，**讓自己好心情，才能讓朋友樂於親近**，笑臉絕對比哭喪的臉受歡迎，即使背地流淚，也要在面對每個探病者時，用笑臉相迎，這是讓別人放心、自己開心最好的方法。

但是，病人畢竟不是聖人，尤其面對癌症的恐慌和療程中的藥物反應，負面情緒的出現便極為可能，也是應該被諒解的，而在面對自己人的時候往往很難克制，這時家人

真的要多體諒多包容，不管哭或鬧，最好的方法就是讓她盡情的發洩，等她平靜了再安慰她、擁抱她、拍拍她，讓她知道你對她的關愛，有時候無言勝有言，不必急著長篇大論的跟她講道理，其實病人要的只是別人對她的關心而已。

至於親人之外的朋友，或關係不是那麼親密的探病者，只要表達你的慰問就可以了，最好多聊些輕鬆有趣的話題讓病人開心，除非病人自己主動談，否則不要一見面就問病歷，要知道每個人來都問同樣的話題，病人每次都要從頭講一遍是非常煩人的事，萬一她的體能狀況並不好的話，對病人是很大的壓力。我記得生病期間就遇到有些充滿好奇的探病者，鉅細靡遺的問東問西，真的很糟糕，**如果不能扮演受歡迎的探訪者讓病人開心，那麼病人或家屬就應該選擇拒絕訪客探視，至少讓病人保持清靜是有必要的。**

▲走過人生風暴之後，更懂得珍惜當下。

所有癌症病人經過化療後，最大的改變就是掉髮，而且會很急速的在一兩天內全部掉光，這種外貌的改變，對病人是很大的打擊，但如果在此之前就開始看書或從醫護人員的宣導中對身體的反應已經有心理準備的話，對於掉髮問題就不會覺得那麼突兀了。以我自己來說，化療後的第二個星期頭髮便開始掉落，先是一綹一綹的掉，慢慢的幾乎用手一撫就整大片的脫落了，最後連梳子也用不上，看著頭上稀稀落落掛在頭皮上的頑固份子，我最後是用修眉毛的剃刀刮掉的。

頂了五十幾年的頭髮雖然修剪過無數次，但是完全光禿卻是第一次，內心的悵然和難過自然難免，但這是治療癌症必經的過程，也是我早就知道的，因此在掉髮之前就先買了適合自己的假髮備用，但畢竟不是那麼舒服，在家的時候我就包頭巾，自家人比較無所謂，出去的時候我才戴假髮。現在的假髮都做得很好，戴上去也不容易被發現，大約一個月的時間就適應了，其實光頭也有好處，例如洗澡的時候，可以從頭到腳直接沖洗，夏天流汗也可以天天洗頭，只要用毛巾擦乾即可，省事不少。

經過化療脫落的頭髮，在化療結束後，大約三個月的時間就會長出新的毛髮，年紀輕的患者氣血足，毛髮的生長會比年紀大的人快，髮質也會變得更黝黑柔軟，我的年紀比較大，因此新長的頭髮無論髮質、色澤和速度都比較慢，這是沒有辦法的事，雖然坊間有很多幫助毛髮生長的塗抹藥劑和食補，但效果不大，而且每個人體質不同，有的人有效，有的則未必，像我就屬於後者，不過，大約兩年的時間就可以完全恢復了，這期間雖然不是那麼快，但經過修剪還是可以有型有款的，長髮固然嫵媚，短髮也有它的俏麗不是嗎？**無論如何這些變化都是過程中的一環，只要能恢復健康，短時間的改變並沒有那麼難以接受**，何況有不同造型的假髮可以選擇，癌症病人照樣可以打扮得美美的。

睡好、吃好很重要——保持好心情，夜夜要好眠

英國有癌症期刊曾報導關於睡眠與癌症的關聯，每天晚上睡眠少於六小時與睡足七小時的女性相比，睡眠不足七小時罹患乳癌的機率高出62%，但如果每晚睡足九小時，得乳癌的機率可以降低28%，有此可見，**睡個好覺是非常重要的！**好品質的睡眠，不但能補充體力，也是讓自己擁有好氣色、好心情的方法。

化療過程中因為藥物的關係，**病人除了補充血紅素、提高白血球，讓化療過程能順利進行外，所有食補及藥補最好不要急著進行**，以免干擾化療的成效，當癌症病人做完最後一次化療後，體能大都已被摧殘得相當嚴重，好像所有精、氣、神都被抽空，只剩一個虛弱的軀殼，這時才是需要調養的開始。記得當化療一結束，手臂的人工血管抽除的那一刻，我終於如釋重負的鬆了口氣，這代表醫師的治療工作已經告一段落，接下來就要靠自己好好調養了。

我曾經嚴重失眠，睡眠品質極差，緊繃的情緒，讓自己即使在休息狀態，還是纏繞著種種思緒，腦子不休息，心情便無法放鬆，因此我學著早睡早起，上了年紀的人，睡

眠需求量不如年輕人，也常常「坐著就打盹、上床又睡不著」，剛開始，我只要有睡意就立刻上床躺下，如果能就此睡著最好，若是半夜醒來也盡量閉目平躺，實在不行就起床看書，等眼睛疲倦睡意也就來了，這種方法用了將近一年的時間才完全改善過來，現在已經可以一覺到天亮。

我也盡量在晚上不安排任何外出的活動，讓自己在下班回家之後，就循序漸進的吃飯、休息，讓心情平靜、讓思緒沉澱，即使看電視也選擇一些比較輕鬆、不費腦力、不影響情緒的節目，讓腦子放空、心情便隨之放鬆，**晚上十點就準備就寢，最遲十點半一定熄燈上床，當規律養成習慣，失眠問題就迎刃而解了**。

但是，對於剛動完手術正在復原中的病人，以及化療中的癌友來說，即使想睡，卻往往會因為傷口的疼痛或是藥物反應造成的不適而輾轉難眠，除了有人陪伴，隨時幫他解決需求，例如上廁所、喝水、按摩之外，**讓病人有個安靜和清淨的休息空間是很重要的**，如果一直處在吵鬧的環境，或是髒亂的空間裏，很容易影響病人心情的煩躁，以我自己來說，生病那段時間我就很討厭聽到搖滾、樂器打擊和喧嚷的聲音，家人看電視或聽音樂都要請他們放低音量，盡量不發出足以讓病人不舒服的聲音為主。

我有位朋友在治療癌症期間自己搬到外面去住❷（詳見第52頁），因為她原來住的是老公寓，沒有電梯，使得她每次出門回來光是爬樓梯就讓她感到極端疲累，加上老房子裡面堆滿了東西，能活動的空間非常有限，隔音設備也差，就連家人走動也讓她有壓迫感，所以她在住家附近租了個套房，並且找了一位幫忙打掃的清潔工，順便照顧她的飲食，一年後身體復原得差不多了再搬回家。

如果經濟能力許可，我覺得這是很好的辦法，彼此不打擾作息，也讓病人與家人有各自的生活空間，當然家人不是完全不管，只要病人有需要，只要家人時間許可，就可以過去探望，如此不但減少因為家中有癌症病人帶來的憂慮和愁苦，也減輕病人的焦躁，這樣的分居方式我覺得對病人和家人都是比較健康的。

還好，我是適應力很強的人，加上家中人口不多，環境問題還不致對我造成困擾，除了藥物反應的不舒服外，唯一覺得不便的是手臂上的人工血管❸（詳見第53頁），常常會因為側睡時不小心壓到而驚醒。當初之所以選擇手臂植入，是因為這種臨時血管在做完化療後就可以馬上抽除，比起埋在鎖骨下方，植入和移除都必須透過開刀的方式簡便得多，但也由於管線外露，所以常常會因為壓到、碰到或是穿衣服時勾到，而造成疼痛，醒著時還比較容易維護，睡著就不一定了，有時候好不容易睡熟，卻因為翻身不小心壓到管線而必須改變睡姿，一個晚上變換幾次方向是常有的事，幸好都是過渡期，一般化療大約半年左右，化療結束抽掉就好了，當然如果不願意忍耐這段時間，就用手術植入也是另一種選擇。

為了度過這段難捱的時光，讓病人吃好、睡好，是非常重要的調養，**乳癌病人雖說飲食上沒有特別的禁忌和食補，但是增加血紅素、白血球，以便化療順利進行還是非常重要**，所以家人可以多準備這類食物，讓病人在日常三餐中攝取到這些需要的營養素，我在後面的章節中也會提供食譜，而我自己對飲食的需求並不是那麼刻意的照表操課，反而因為化療反應造成的噁心、嘔吐讓我常常對食物沒有胃口，因此我吃東西都是看當下的需求，當我餓的時候心裡會反應出想吃某種食物的欲望，只要是沒有添加物的安全食品，我都是想吃什麼就煮什麼或買什麼回來吃，酸的、辣的、甜的都不禁忌，只要吃得下就吃，等到身體情況比較好的時候再去講究養生，我想對化療中的癌症病人是比較務實的需求。

雖然我是很聽話的病人，但我也是絕不虧待自己的人，不論我吃什麼、喝什麼，都要食物美味可口才行，當然也會在可以做到的範圍內還兼顧營養，例如我對喝白開水覺得很無趣，雖然我知道喝水對身體有益，尤其喝水可以加速身體的新陳代謝，幫助藥劑排出體外，但是整天喝些毫無味道的白開水我還是不喜歡，所以我就自己調配飲品，煮些決明子茶、桂圓紅棗茶，當我口渴的時候就喝它代替白開水；還有一些現成的茶包，例如薰衣草、洋甘菊、玫瑰花茶，只要用熱水泡開，再調入蜂蜜，香香甜甜的好喝多了，那段時間只要我躺著休息的地方，旁邊就會放一個保溫杯，裡面裝的都是調好的茶飲，隨時入口都是溫熱的，因為我不喜歡喝冷飲，即便是夏天，即便是康復後的現在，我還是維持著隨身帶保溫杯喝熱飲的習慣。

飲食可以影響睡眠和體質，也可以透過飲食調整身體的機能，例如坊間有喝熱牛奶可以改善睡眠的說法，但是有人喝牛奶容易脹氣，那就不要選擇這種方式，另外也有外國人吃奇異果來改善失眠、中國人喝蓮子湯幫助安神入睡等等。

不過，美食只是生病期間的調解劑，為了讓生病過程有好心情，吃好吃的、喝好喝的並不為過，但是過與不及都不是養生之道，因為好吃而吃太多，對病人並不是有益的，若是吃得太飽造

可隨身調配的溫熱飲品

調配飲品

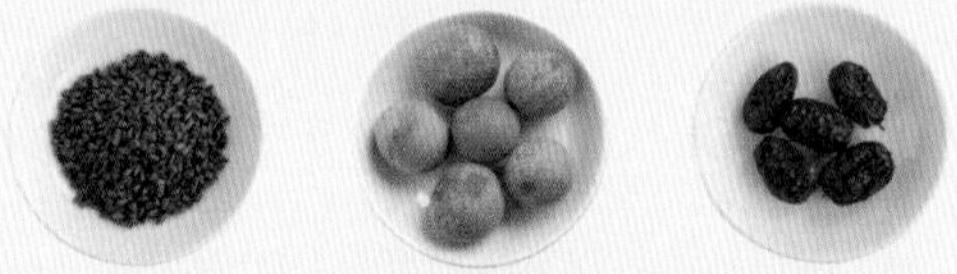

決明子茶、桂圓紅棗茶

沖泡茶包

薰衣草、洋甘菊、玫瑰花茶

成胃脹而影響睡眠可不是值得鼓勵的事，即使是生病期間，我還是會遵守**早上吃好、中午吃飽、晚上吃少的原則**，一些含咖啡因的飲料、茶飲我從來不喝，因為我的體質會因為喝了它而失眠，何必跟自己過不去呢。

我自認是生命韌性很強的人，這可能源自我從小生長的環境就是克勤刻苦有關，成長過程更是飽受挫敗，但是無形中也磨練出堅毅的個性，要不是得了癌症讓我沮喪，我都覺得沒有難得倒我的打擊，其實現代人所處的環境，要一生平順、不受外在因素影響幾乎是微乎其微，只是每個人不同的抗壓性有不同的調適。

憂鬱症、躁鬱症幾乎是現代人很普遍的文明病，每當心情低落的時候、遇到不順遂的時候，我也會產生憂鬱的反應，但是我深深的覺得除非自己走出困境，否則別人的安撫都作用不大，**最好的方法是走向人群、減少獨處，讓外面的人和環境協助轉移心情，才能讓陽光曬進內心的陰霾。**

每當我心情不好、開始鑽牛角尖的時候，我就提醒自己這樣會影響我的健康，我要活下去就不能讓憂鬱啃蝕，於是就找朋友陪伴，找不到就自己去逛街、去看表演、去看展覽，等心情疏散了，平靜了，回家大概也累了，只要放鬆心情睡一覺，隔天清晨醒來又是嶄新的一天。

善待自己要及早——不當工作狂，作息要正常

我是工作量相當大的人，每天除了在外的工作，還有家事，生活過得像蠟燭兩頭燒，經常忙到沒時間吃、沒好好睡，排山倒海的工作又常讓我情緒緊繃到極點，但是只要一忙完，就又忘了應該調整作息，那時候自恃年輕體力佳，又正是衝事業的階段，總以為辛苦付出撐過去就會變好，現在回想起來，其實那個時候，我已在不知不覺中摧殘著自己的健康，一根經常處在緊繃狀態的弦，拉久了也會斷，這樣對待身體的方式，健康怎麼會不出問題？

果然，我在四十八歲的時候，罹患甲狀腺亢進的疾病，這也是長期情緒積壓，造成免疫系統的破壞，才導致健康亮起紅燈，經過三年的療養，再抽血檢驗甲狀腺指數才恢復正常。只是好了傷疤忘了疼，當我不再需要吃藥之後，所有壞習慣又慢慢恢復了，照樣忙、照樣累，直到發現得了乳癌，才深深體會到身體對我發出的抗議，讓我在沮喪中倒下，付出這麼大的代價，才突然醒悟健康對生命的重要性，**我希望用自己的經驗提醒現在還在為工作拼命的人，及早善待自己、重視健康。**

我現在除了每天早上的固定運動外，工作量已經大大的減少許多，而且會不定期的安排休閒活動，只要感覺睏了就睡、渴了就喝、餓了就吃，完全順從生理的自然反應，可是以前都被忙碌耽誤了，仗著年輕給忽略了，才會把身體糟蹋成病疾纏身，想想真不值得。

記得剛得知自己得了癌症的時候，當下第一個想到的問題還是工作怎麼辦？因為跟別人不同的是我除了靠工作賺取收入之外，還是一個公司的負責人，雖然公司的規模不大，但是有員工就不是純屬個人的問題，在道義上我有安頓他們的責任，但在那當下，一切來得突然，隨即就要展開的手術和化療，根本不允許我做更周全的安排，因此除了告知同仁病情，請大家幫忙維持正常運轉外，只能默禱自己早日平安歸隊。

平常捨不得休息的我，生了病想不休息也不行，停下忙碌的腳步之後，除了配合治療，也多出許多空閒的時間，

▲現在的我完全順從生理需求，感覺睏了就睡、渴了就喝、餓了就吃。

於是開始回顧過往的所作所為，也重新思考未來方向何去何從，老實說，如果我只是個上班族，大可選擇直接退休，但是身為公司的負責人，開始創立事業固然不容易，要立即結束公司也不是心想就能事成的，十幾年下來的經營，瑣瑣碎碎的大小牽連早已盤根錯節，豈能說不做就不做，幸好公司同仁都很幫忙，生病期間暫時穩住營運，總算有驚無險的度過，算起來我這位病人比起別人複雜、也辛苦多了。

經過這段療養期的思考，我已經開始有退休的念頭，畢竟也六十好幾了，生病帶來的傷害使我的體力已經大不如前，像拍食譜這種勞心勞力的工作已經無法勝任，這之後我只有平面書寫的創作外，動態拍攝的工作幾乎完全停止，算算這輩子寫過一百二十幾本食譜，也算對這份工作交出了雖不完美但已盡心的成績單，再說江山代有才人出，烹飪並不是非我不可的工作，讓別人去表現，也是我此時樂觀其成的。至於公司的去留和同仁的安頓，我漸漸開始構想最兩全的方式，幸好身體康復情況還不錯，我可以有更充裕的時間、更從容的安排，讓辛苦創立的事業能有最妥善的規劃。

生病後，我的體力的確衰退很多，很容易疲倦，除了還不是完全復原外，年齡老大也是原因之一，很多需要體力去完成的工作，即使我很盡力的想去做也往往不得不放棄，深深感受到時不我予的無奈，但也是讓我**認清事實改變心態的轉機，讓自己慢慢適應無欲則剛和雲淡風輕的生活態度**，一旦真正退休才不會有失落感。

讓身心靈自在——少奶奶、義乳、假髮都坦然接受

我有很多已退休的朋友，他們追求健康、實踐養生的方法是參加很多活動，從簡單的登山、健行到各種瑜伽、氣功、打坐、外丹功等等，還參加許多不同的身心靈成長課程，我一向對固定的型態沒耐心，很怕那種按表操課的生活方式，對我來說，有時候發呆也是一種休息，找個自己覺得舒服的地方或坐、或躺，可以天馬行空的胡思亂想，或把腦袋放空、什麼都不想都很舒服，有伴聊天是一種樂趣，獨來獨往則是另一種自在。

如果把時間規格化，設定幾點做什麼，幾點要安排什麼活動，看似積極，卻感受不到休閒的輕鬆自在，例如有位朋友自從上了宗教班的課，除了讀經之外，還要寫報告，甚至要上台分享讀後心得，換成是我會覺得這是壓力，也許他有他的樂趣，但我不喜歡制式的生活型態。

我的先天條件不足，加上家庭因素，使我必須比別人更努力付出，才能換得一點微薄的成就，因此早早就學習競爭中的生存之道，也因為一路成長過程都十分辛苦，因

此，對成敗得失非常在意，這種自己給自己的壓力，固然一方面給予我努力向上的動力，另一方面卻是得失心太重，反而成為放不開的心結。

生病之後，我徹底領悟出一個道理，就是**成功的人都經過努力，努力的人卻未必都能成功**，古人說：「一財二命三風水，四積功德五讀書。」很多事不是人力就能成就的，只好交給上天去定奪，所以才說「謀事在人、成事在天。」這是我最需要學習的。

在經歷那麼大的健康危機之後，如果還有什麼想不開，那麼這場病就白生了，所以我現在時時提醒自己，這世界除了健康沒有什麼可爭的，名利這種光環如果要賠上健康就不值得汲汲營營，讓心態維持在「盡力」就好、有就好、能過就好，以前總是事必躬親，這個不放心、那個總牽掛，搞得自己焦頭爛額，別人不敢負責，何苦來哉？**學著放手、放心、放下，豈不快樂多了？**

舉例來說，我現在常常翹班，只要心情不好、或是天氣太好、或是有朋友邀約，我就理直氣壯的不上班，或是中途從辦公室溜出來，不管去喝茶聊天還是逛街購物，反正不想上班就不上，這在生病之前是從未有的行為，其實我就算整天盯坐在公司，同事們的工作效率不見得就比較好，少了我在旁邊，說不定彼此的空間更大。文化公司的工作是腦力創作不是制式流程，即使我知道有人在發呆，也不會在意他的心不在焉，每個人都需要情緒抒解的出口，她們受限於職權無法像我這麼自由，但如果我還要求必須埋首於工作，那得到的效率必然不佳，還不如給他放空的時間和空間，管你是在玩手機、傳MSN、還是上網，**只有自己自在了，別人才能自在，約束了別人也等於約束了自己。**

老實說，我現在的生活和心態，要不是每次換衣服的時候看到胸口那個疤痕，以及卸下義乳後左右不對稱的胸脯，我已經慢慢淡忘曾經是乳癌病人的標記了，但是這些外形的改變又提醒我已經不是以前的我了，少了一個乳房，在功能上也許對我現在的生活還不致造成太大的影響，但不方便還是有的，至少為了衣著上不要有落差，必須藉助義乳來裝飾，這是我當初選擇不做乳房重建就有的心理準備。

義乳的材質是矽膠，廠家會依照每個人的體型和另一側乳房的比例，製作出同樣大小的義乳讓患者使用，因此戴上之後，隔著衣服，外觀上不太容易察覺差異，除非穿低胸衣服。但畢竟是個分量不輕的附加物，冬天衣服穿得多還好，夏天因為流汗，特別

▲甩開煩燥的事物，學會放手、放心、放下，身心靈更自由。

覺得胸口那包異物格外悶熱，除了要每天換洗貼身衣物和裝盛義乳的口袋之外，別無他法，所以使用義乳的乳癌病人❹（詳見第53頁），夏天會比冬天辛苦。

有位癌友說她曾經在游泳的時候，義乳竟然滑了出去，讓她當場非常尷尬，我不游泳也不跟朋友泡溫泉，所以減少很多尷尬的機會，但是因為義乳的滑動常常在走路的時候偏斜或是下墜而不自知，這也是我最大的困擾，因此在外出的時候必須隨時注意，隨時調整。

為了方便拆洗，所有義乳都是活動的，因此只要游泳或運動有大動作時，脫落常常難免，就如同我曾經戴著假髮在街上走的時候，一陣風吹落，讓我露出個大光頭，還要撿回假髮一樣，都是無法避免的糗事，作為癌症病人，除了盡量小心之外，也要有萬一的心理準備才行。

勇於傾訴、分享喜樂——調適自己、接納別人

生病了應不應該告訴人家？有心事要不要跟朋友吐苦水？受了委屈能不能發洩出來？老實說以前我是否定的，因為怕成為別人的話柄，所以多年來都是有苦往內吞，有淚暗處流，這樣壓抑的情緒管理，我都懷疑自己是否患有憂鬱症而不自知，因為我常常沮喪到想一了百了，幸好總在情緒最低潮的時候還能保有理智，**讓自己離開現場或變換環境來轉移心情**，也在事後理解到消極和逃避是無法解決問題，讓思緒轉個彎才能一步步走回正軌。

其實每個人、每個家庭都有各自的心結，所有的不好、不順、不如意，這些都不應該是原罪，看看別人、想想自己，就知道我絕對不是最慘的、最壞的、最可憐的，總想風光示人，不過是逞強罷了，明明在受苦卻粉飾太平，不過是自作自受而已，有什麼好？過去的那些態度吃夠了苦頭，現在我**承認自己就是懦弱**、就是無能、就是需要幫助，所以現在比較願意跟朋友訴說，**哪怕只是雞毛蒜皮的事，我都覺得說出來，就像把情緒包袱扔了一樣，輕鬆多了。**

由於身邊很多朋友都退休了，他們有的是時間，我雖然還在工作，但是時間上還是自由的，因此我不再錯過每一個邀約，甚至提醒大家別忘了我，群體活動的好處就是熱鬧，吃吃喝喝、說說聊聊，什麼鬱悶都紓解了，再聽聽別人家那些爛芝麻陳穀子的破事兒，誰也好不到哪兒去，原來啊！家家都有本難唸的經，這就是人生，**只要有同理心就不會幸災樂禍，只要不加油添醋，人與人之間的相處就會變得單純**，像我這個年紀的人，生命已走過大半，生活的酸甜苦辣、生命的生老病死都有過直接或間接的體驗，更應該調適自己、接納別人、也讓別人適應自己，日子才能輕鬆過。

癌症病人容易情緒低落，除了對病情的沮喪還有對

▲與好友聚餐的時刻，可以轉移情緒，分享喜樂。

▲敞開心靈感受每刻的呼吸如沐春風。

未來的無助，如果能參加一些病友會，跟相同病情的人一起活動，我覺得有它正面的助益，因為這種團體可以激發同病相憐的認同感，雖然每個人的病情不同，但是可以交換不同的經驗，加上團體的人多，病例也多，總會遇到共同點，也能引發共同話題。

目前全台各縣市從當地醫療機構發展出來的各種癌症協會很多，如果時間許可，不妨去參加她們的各種活動，紓解獨自抗癌的鬱悶，而且這些團體常常會安排一些講座，演講的來賓都有一定的專業，說是互相取暖也好，在這個有最多共同經驗的團隊裡，無論是排遣時光或吸收新知，都可以按個人需求去加入，我自己也常常參加她們的各種講座，只是因為還在上班的緣故，一些娛樂活動就比較少參與。

此外，不管是新舊病患都有很長的一段時間需要回診，每次在醫院候診等待時，難免會聽到其他病友的討論，如果是相關話題，我也會主動加入，把我知道的和經歷的跟她們分享，患病初期常常沒信心，每次回診都十分忐忑不安，有一次跟旁邊的病人聊天的時候被也是來回診的另一位病人聽見了，她馬上很熱心的跟我們討論，看她神采飛揚、滿臉笑容和充滿愉悅的語氣，頓時讓我增加不少希望，覺得自己應該也能像她一樣，度過難關。

生病的人在精神上很需要鼓勵，而來自病友的鼓勵更具效果，因為從他的身上可以看到印證，不像沒生過病的人，說再多都只是安慰而已，因此當我痊癒後，我也很樂意**用相同的方法去散發信心，病人也要勇於接受別人的關懷，走出自怨自艾的思維，才能讓生活充滿陽光。**

審定註❶　余本隆醫師（和信治癌中心醫院一般外科資深主治醫師）

關於乳房重建&後續定期追蹤檢查說明

當乳房必須全部切除時，如果不做乳房重建，通常會把多餘的皮膚切除，讓術後傷口能夠平整。但如果要做重建者則可以盡量保留原有的乳房皮膚，讓重建的效果更好。所以如果病人的情況必須安排乳房全切除，通常醫師都會詢問病人是否有乳房重建的意願。病人如果完全不考慮，我們就不會安排整型外科的會診，但如果病人希望有更多瞭解，我們就會讓他們由整型外科醫師那兒得到更多相關的資訊後再做出自己想要的決定。乳癌病人後續定期追蹤檢查的目的在於降低病人因乳癌死亡的機會，儘早偵測出是否有局部再次復發、遠端轉移或是另一側的新乳癌。所謂局部（或區域性）復發，是指在患側的胸前皮膚、腋下或乳房保留手術後患側的乳房組織周圍又發現癌細胞，而遠處轉移則是指乳癌細胞在身體的其他部位被發現，最常出現的器官位置為肺臟、肝臟及骨骼等處。另外要特別留意的是，在另一側的乳房發生另一新乳癌的比例，也比一般人有相對較高的機會。而在眾多的檢查項目中，目前只有定期門診理學檢查和乳房攝影，被證實因能有效控制乳房局部病灶（同側或對側），而提高病人的長期存活率。在沒有臨床症狀的情形下，其他過多不必要的檢查，非但沒有幫助，反而可能加重病人的焦慮與不安。

值得注意的是乳癌病人的預後，其實大多取決於一開始被診斷發現時的期別，以及正確的治療模式。倘若在追蹤過程中一旦發現遠處轉移（肝、肺、骨骼、腦……）的情形時，後續的治療就已非外科手術可以處理。多數影響病人的預後，將決定於轉移器官部位為何，以及該腫瘤對於後續化學治療、荷爾蒙及標靶藥物等治療的相關反應程度，而非發現轉移時間的早晚。隨著各種新藥的研究發明，乳癌的治療成果不斷有新的進展，配合堅強的意志、足夠的勇氣及正確的醫療方式，將對於戰勝疾病有正面積極的效果。

除了應定期門診，接受相關追蹤外，我們並強烈建議乳癌病人每個月實施乳房自我檢查，且熟悉瞭解各種乳癌復發可能會出現的症狀，當發現任何可疑症狀時，儘快與醫療團隊聯繫回門診安排相關檢查，而不是等到定期回診時間。需要注意的症狀包括，乳房部位出現新腫塊、骨頭疼痛、胸痛、呼吸困難、長期咳嗽、倦怠、腹痛、持續性頭痛、及不明原因體重減輕等。相對於無症狀時每年固定時間做胸部X光、腹部超音波及骨骼掃描等影像學評估，出現可疑臨床症狀時立刻做相關評估檢查，更能夠有效發現遠處轉移。

審定註❷

張金堅醫師（財團法人乳癌防治基金會董事長）

獨居注意事項

癌患獨居確實需要付予額外之關心，如果病人在治療期間，建議還是要有家人之陪伴，但如果住家空間狹窄，出入不便，加上舊式建築，上下樓梯無電梯代步，確實會造成困擾。短暫期間於住家附近租間套房，應是可行之替代方案，但要有一位懂得照護之護理人員較宜，但這也要考量經濟能力是否允許。如果癌症病人決定要獨居的話，建議24小時最好還是要有陪伴之人較佳。另外遇有緊急狀況，要確立有及時聯絡系統，如身體有異樣，則不宜再獨居，急性治療期間如正在接受化療，還是不宜獨居，狀況穩定或屬慢性追蹤期，則可考慮獨居，家人還是要經常訪視，畢竟親情之支持，對癌患而言，還是最大之精神支柱，如欠缺了，好像很難用其他的方式來彌補或取代。

審定註❸

手臂植入人工血管居家注意事項

余本隆醫師（和信治癌中心醫院一般外科資深主治醫師）

化學治療病人在療程一開始之前，應該由專業的醫護人員為其評估適當的化學治療靜脈輸液管路，根據其使用的藥物種類與時間，以及病人個別性需求，給予適當建議。一般來說，半年內的化學治療療程以手臂植入人工血管（PICC）為首選，可以降低病人靜脈血管的傷害。PICC最大的優點是病人不用再忍受每次治療前靜脈穿刺的痛苦。居家需注意的事項主要著重在功能維護及避免感染，醫護人員會配合衛教光碟及衛教單張加以說明日常活動、換藥時機、洗澡更衣及傷口異常處置等方面的衛教。由於PICC最大的優點在於可直接從管路抽血及給藥，避免直接穿刺皮膚，近年來已成為廣受病人選擇的中心靜脈導管之一。

審定註❹

使用義乳須知

余本隆醫師（和信治癌中心醫院一般外科資深主治醫師）

通常我們會建議病人在手術六週後，手臂活動沒有限制的情形下再去選購適合自己的義乳墊，這樣才能選到適合對側乳房大小、形狀又不容易因姿勢改變而移位的義乳。配合義乳使用的內衣最好用手洗，比較不會變形而導致義乳移位。不同廠商的義乳墊有其各自的保養方法，應依使用建議定期保養。因為義乳墊本身不透氣，有些病人在胸壁上會有濕疹或是過敏情形，建議可以用吸濕排汗材質的布料做成小袋子包覆住義乳墊，這樣比較不會感到悶熱不適。

照顧者應該體諒病人的需求，先讓病人「想吃」和「吃得下」，其次再慢慢改變營養內容，進而達到補給的目的。

「想吃」是順應病人的味覺需求，無論酸甜苦辣，只要病人想吃就先讓他吃，其次要讓病人「吃得下」。食物再營養，如果做得不好吃，引不起病人的興趣也是沒用，因此兼顧營養與味覺的烹調方式很重要。

第二部

耐心—
傾聽癌症病人的飲食感受

養好身體才能應戰——順應味覺，吃得下最重要

每個病人的症狀不同，癌症病人大都經歷過化療的療程，但是每個人對化療的反應也各有差異，食慾降低是普遍都會發生的情況，因此如何讓病人有食慾是首要用心的。無論營養師或照顧病患者都會列出許多可以幫助病人增加營養的菜單，而事實上病人在化療期間對食物的反應是很奇怪的，有時會特別想吃某種食物，有時又會對某些食物特別抗拒，此時**照顧者應該體諒病人的需求，先讓病人「想吃」和「吃得下」**，其次再慢慢改變營養內容，進而達到補給的目的。

生病的人除了自我憐憫外，周遭的人常會給予更多的讓步與關愛，最直接表達的方式就是讓病人吃好，而且常常認為貴就是好，於是花很多的錢去買昂貴的補品或藥物給病人食用，以為這樣可以表達對病人的關心與愛護，而病人自己也會認為生病了就要吃好東西，形成「貴一點也沒關係」的迷思，其實**病人的飲食來源最重要的條件是「新鮮」**。

▲順應病人的味覺需求，兼顧營養與味覺的烹調方式很重要。

「想吃」是順應病人的味覺需求，無論酸甜苦辣，只要病人想吃就先讓他吃，其實病人此時的味覺，對相同的食物不會需求太多，也不會持續太久，說不定過些時候想吃的又是完全不同的食物了。

其次要讓病人「吃得下」。食物再營養，如果做得不好吃，引不起病人的興趣也是沒用，因此**兼顧營養與味覺的烹調方式很重要**。

癌症病人或是家屬，或多或少都會收到各方善意提供的各種偏方，其中不乏各種見證式的推薦，但是要知道即使是癌症，每個人的症狀及體質也有差異，呈現出來的反應也不相同。同樣的偏方也許對某人有效，卻不保證對每個人都適合，因此病人應遵守醫院的治療、聽從醫師的建議用藥，才是比較正確的態度。對於沒有醫學根據的偏方，還是不要貿然嘗試的好。

尤其是化療期間，任何非醫師開出的藥物都有可能干擾正常治療的成效，即使言之鑿鑿的補品或是偏方，也最好是在化療結束之後，再決定是否要接受，當然也要病人願意配合，而不是迫於無奈妥協，只好接受其他人的強行推銷，畢竟攸關健康甚至可能危及安全，都是要非常謹慎的。

即使是相同病情的病人，每個人的反應和症狀也不會完全相同，以我自己的乳癌病例來說，我的嘔吐情況非常嚴重，但是有人卻輕微得多，這跟年齡和體質有關，所以味覺上也有很大的差異，對於因嘔吐而缺乏食慾的病人可以用各種吸引他開胃的食物，但對症狀輕微的人則以一般正常的飲食即可，只要避開生食、煙燻、油炸類的食物及醃漬肉類，病人並不需要特別餐點，照顧起來輕鬆許多，病人也不會產生心理上的隔閡，**與正常人一同吃喝，排除自己是病人的心理，對病人的復健是有幫助的**。

除了醫師之外，任何非醫護人員最好不要擅自對病人提供建議，或提供任何沒有醫學驗證的營養品，尤其是化療期間，任何額外添加的營養品都可能干擾正當療程的成效，這是病人要謹記，也是照顧者和周遭親友必須配合的，否則好意往往成了反效果，便不理性了。

當我們的身邊出現病人的同時，相對也會聽到許多不同的聲音，他們也許出自關懷，因此容易提供各種建議，當然也難

有嘔吐症狀宜避開下列食物

生食　煙燻食物　油炸食物　醃漬品

免聽信一些來自不同對象的所謂經驗之談，此時病人一定要有自己的定見，不能來者不拒，成為各種建議的實驗者。我個人的看法是：食物吃吃無妨，那只是好不好吃的問題比較單純，但**如果是藥物，最好是請教醫師，尤其一些所謂的抗癌藥物更要小心，無效事小，影響病情就不妙了。**

我個人對中醫的調養比西醫的藥物接受度高些，中醫經過把脈可以得知身體的精氣神何者不足，然後針對所需加強補給，只是有些中藥材的氣味不是很好，所以我對食療又比藥療適應，例如將藥材搭配肉類或海鮮燉煮後，如果能達到某種食療功效的話，我是比較樂於接受的，但如果是將藥材單獨熬煮，或是磨成粉末做成藥丸，就比較抗拒，因此我總是尋找些色香味美好吃的藥膳來作為調養的菜單，例如：蔘鬚紅棗燉雞湯、花旗蔘蒸魚湯等等，目的都是滋養身體，因為味道和口感都不覺得是在吃藥，對病人而言是比較愉悅的口福。

↑蔘鬚紅棗燉雞湯
↓花旗蔘蒸魚湯

病人的食慾本來就不好，化療病人的食慾更不好，但是食物是讓病人補充營養、增強體力的來源之一，想吃卻吃不下是很痛苦的事，吃了會吐更是難過，因此照顧病人的飲食非常辛苦，以我自己來說，化療住院期間，醫院提供的伙食我常常都是原封不動的退回，因為當時實在吃不下，可是我也有飢餓的時候啊，所以就私下帶一些比較下飯的菜，例如醬瓜、漬薑、肉鬆、炒酸菜之類❺（詳見第76頁），雖然不營養，但是會比醫院淡而無味的菜好吃，因此我每次都把稀飯或白飯留下，另外用自己帶去的碗裝起來，等餓的時候再搭配自己帶的菜吃，通常藥物注射產生效應的第一個星期比較難受，我都是想吃什麼就吃什麼，管它營不營養，反正吃完也吐掉，等到第二及第三星期，情況比較好轉時，我才好好進補，雞湯、牛肉、海鮮，吃得下的、想吃的、營養的趕快補足，讓體力增強，以迎戰下一次的化療，就這樣重覆進行我的飲食策略，才能熬過那段既辛苦又痛苦的化療期。

我常看到照顧病人的人大聲阻止病人吃這吃那，除非食物不乾淨或有毒，我倒覺得生病的人想吃什麼就由他吃，即使不符合營養規範，但是吃東西的愉悅感或滿足感也是治療方式之一，在正常範圍內，如果不致造成身體上的傷害，不必斤斤計較營養的問題，再營養吃不下也是白費，還不如吃自己想吃的，說不定體力好了，對治療增加了信心，會更願意配合營養師的建議呢。

吃得多不如吃得對——補藥不是救命丹

國人對於各種補藥的接受度，向來是「有病治病、無病養生」的心態，從中式的蔘、丹、丸、散，到西式的各種維他命、酵素、營養補充液及激素等，幾乎每個身體器官都可以找到可以進補的藥。對健康的人來說，這些補藥即使達不到效果，還有心理上的撫慰作用，但對病人卻有可能因為進補不當造成反效果，那就得不償失了，因此吃什麼？怎麼吃？最好還是聽從醫師的建議比較好，至少要針對個人不同的症狀需求，選擇適合自己的、和需要的去補，才能達到真正調養的功效。

我有一位年紀相仿的朋友，一直擔心年紀大了會有骨質疏鬆的問題，正好她的孩子住在美國，就寄了很多增強骨質的保健食品給她服用，有一次她因為身體不舒服去看醫生，被詢問了一些問題之後，醫生告訴她再吃就要得腎結石了。我也有膝蓋疼痛的問題，看醫生的時候請教過電視上廣告的那些保健食品可不可以吃？醫師直接回答我那些都沒有效，只是吃心安而已，所以我就更理直氣壯的不吃了，反正我本來就不喜歡吃保健食品，還去花錢買沒有效的保健食品吃就更不必了，所以需不需要吃應該是個人的接受度，與實際效益無關。

任何人都沒有能力自我診斷，**無論有什麼病，或是需要補充營養、調養身體，都最好先經過醫生的評估**，甚至有不同醫生的建議做為參考，然後再決定怎麼補充，即使是營養品或補品也應該慢慢來，看看身體的反應，每隔一段時間也應該再去做健康檢查，並依據身體的改變調整服用的次數和份量，避免盲目的一直進補，要知道吃過量也是對身體有害的。

隨時改變食譜——
不同反應下的應變之道

即使是正常人，再好吃的食物如果一成不變的天天吃，也會倒胃口，何況是病人，除了要考慮營養，更應該注意病人對食物的接受度，化療期間受到藥物的影響，胃口奇差不說，味覺也變得反覆無常，有時候想吃某種東西，真正面對時又可能吃不多甚至不想吃，對病人和照顧者都是很麻煩的事，這時照顧者務必要包容，而且耐心配合，畢竟這是過渡期，乳癌病人的康復比起其他癌症患者快多了，只要化療結束一切便能恢復正常，不也值得期待嗎？

因此建議如果病人想吃酸的❻（詳見第79頁），就要在酸的口味中做出符合他口味的菜餚，例如酸辣湯、酸筍牛肉、酸菜肉絲，酸豆炒肉末；如果他想吃辣，就給他有辣味的食物，例如剁椒蒸魚、麻婆豆腐、辣子雞丁，讓他先開胃，再慢慢吸收其他營養品或其他補品；咀嚼能力弱的時候可以讓病人吃些比較軟爛的食物，例如各種豆腐菜餚，消化能力差就選擇能幫助腸胃蠕動、好消化的餐飲，例如麥片、麵線羹、糙米麩、銀耳蓮子湯。

化療期間可因應病人口感的飲食變化

想吃酸的

酸辣湯、酸辣蓮白菜、酸菜絞肉麵

想吃辣的

泰式涼拌海鮮、泰式檸檬魚、麻婆豆腐、辣子雞丁

咀嚼能力弱

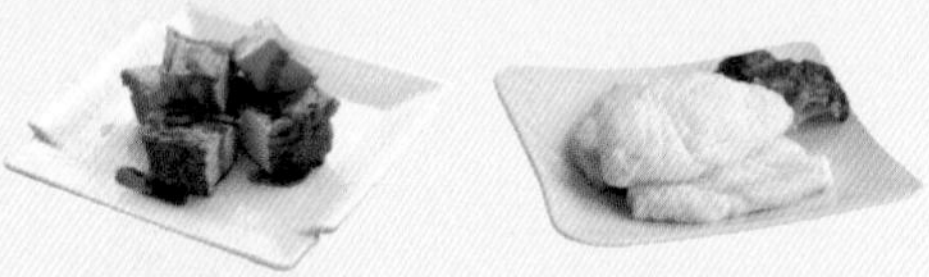

各種豆腐菜餚、乾煎圓鱈

消化能力差

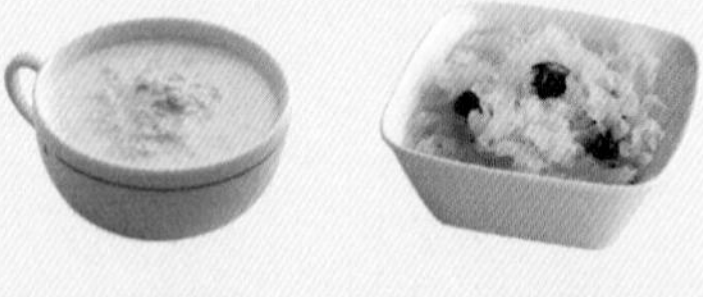

麥片、麵線羹、糙米麩、銀耳蓮子湯

如果做不來或沒時間做，買現成的也可以，像我那時候就是沒人做，所以我就請幫傭拿著我寫的字條到我指定的店去買，也可以吃得很好，那時候住家附近的泰國餐廳是我最常光顧的店了，因為他們的菜餚口味很多都兼具酸與辣，很能滿足我當時味覺的需求，照顧的人要隨時配合病人的味覺變化，病人也要直接表達對食物的喜惡和自己想吃的食物，這樣才是兩全其美的最好辦法。

病人能吃什麼？不能吃什麼？

生病，除了治療，更要攝取多種營養來增強體力，以對抗化療期間的體力耗損，因此生病期間我花了很多時間去研讀各種有關營養的書籍，只要是食物我都樂於嘗試，並且用我的專業把它調理得好吃，但是對於藥物，或是氣味怪異的，我就不勉強自己去適應，其實每種食材的解說，各門各派也未必看法是一致的，往往西醫認為可以吃的，到了中醫就有冷、熱、燥、寒的分類。

例如：西醫的研究報告說鵝肉和鴨肉的營養是家禽類中最好的，甚至高過雞肉，但是中醫說鵝肉、鴨肉比較毒❼（詳見第80頁），有發性，對一般人來說，毒是什麼？有發性又是什麼？並不是那麼清楚，只是大家都這麼相信之下多少還是有點心理作用，像我母親就一再叮嚀我不准吃，還有茄子、螃蟹、芒果也不行❽（詳見第83頁），遇到這種狀況我能不吃就不吃，反正好吃的東西那麼多，也不必賭氣去吃吃看，再說化療不過半年的時間，真要吃，半年過後再吃也無妨，萬一忍不住的時候我就以西醫說的為準，我問過醫師對這些說法的科學性，他們當然認為無稽之談，但我也不會故意大吃特吃，解解饞就夠了。

西醫唯一堅持的是大豆製品，尤其是豆腐、豆漿❾（詳見第85頁），因為含豐富的異黃酮，是一種植物性的雌激素，它會誘發乳腺癌腫瘤的加速成長，因此患有乳癌或子宮內膜癌的病人，醫生是不建議食用的，雖然豆腐、豆漿是非常營養的食物。有趣的是我的主治醫師說，任何不好的食物要吃到足以影響健康，除非是經常吃、而且大量吃才有可能，所以偶爾吃一點還是可以的，並不需要完全禁口才行。

▲豆腐、豆漿都含有豐富異黃酮，是一種植物性的雌激素。

吃甜食好不好？

根據很多醫學研究報告都說「糖」是癌症的殺手，尤其是精製的白糖，可是不可否認，含有糖分的各種甜食，對癌症病人同樣具有吸引力，以我自己來說，我一直都很喜歡吃甜食，無論是糕餅點心、甜點、甜湯無一不愛，巧克力更是從不放過，可是當知道甜食吃多了，對癌症病人不利的時候，為了保命，我開始學著減少吃它，只是嗜好了大半輩子，一下要完全戒口有點困難，所以我用漸進的方式改變。

從甜度最高的巧克力開始，以前完全不能接受濃度高、甜度低的黑巧克力，因為適量的巧克力對心臟是有幫助的，因此嘴饞的時候，就吃點比較偏苦的巧克力，至於其他的甜食，凡是加大量奶油的西點便不吃或少吃，也開始注意成分和製作方式，不選炸的、烤的高熱量甜點，改選蒸的、煮的。

自己動手做甜食，糖的份量會比以前降低很多，畢竟甜食還是可以讓心情愉悅的食物，因此少吃但還無法完全不吃，對健康的人而言，糖吃多了也是不好的，所以現在我會用這些警惕自己，偶爾嘴饞時吃個布丁、奶酪之類的點心，讓自己得到一些滿足，慢慢的對甜食的誘惑也就逐漸降低了。

療癒期的飲食建議

○ 可選擇蒸、煮的甜點

布丁

奶酪

✕ 不選擇炸的、烤的高熱量甜點

燒烤、加有大量奶油的西點

用吃增強體力——延續生命，促進食慾有方法

我很佩服那些為了身材苗條而克制食慾、用節食減肥的人，雖然我還不至於因為美食當前而犯饞，但是要我餓肚子卻是萬萬不可能，尤其我一餓就會因血糖降低而出現發抖、冒冷汗、頭暈的症狀，如果不馬上補充食物會非常難受，因此覺得肚子餓時，通常我會趕快先吃顆糖，然後盡快找地方吃飯，否則有可能會暈倒，那就麻煩了，而我的車子裡、家裡、辦公室、甚至隨身的皮包裡都會準備一些糖，以便需要的時候可以馬上取得。

食物是體力的來源，人們靠食物來攝取營養、補充體力，但是好的食物才能對身體有幫助，如果只圖口腹之慾，吃的都是對身體毫無幫助的垃圾食物，那也是沒有用的。

化療期間藥物反應造成的噁心、嘔吐，讓我食不知味，每當感到飢餓的時候，那種想吃卻吃不下，吃了又吐的狀況真是痛苦萬分，也因此瘦了四公斤，如果不是生病，我一定會很快樂，因為中年以後我的體重就不斷上升，但是生病而消瘦可不是好事，除了體力變差，對身體的復原也不利，因此我盡量找方法讓自己對「吃」產生興趣。

例如：當我休息的時候，就看**各種美食節目**，讓色彩繽紛的美食在主持人誇張的帶動下讓自己產生誘惑，然後四處找尋相同的美食來滿足想吃的慾望，可是在生病期間，面對美食總有吃不下或不想吃的情形，能吃多少算多少，即使吃完了吐也強迫自己吃；另外就是**跟食慾好的人一起吃飯**，有的人對食物的接受度高，好像吃什麼東西都香，完全沒有怕胖和挑食的禁忌，跟這種人吃飯會受到感染，至少有轉移作用，讓自己不知不覺間吃下食物，也就達到進食的目的了。

促進食慾的好方法
辣泡菜
脆瓜
1 看各種美食節目
2 想吃什麼就吃
3 跟食慾好的人一起吃飯

我還有一個讓自己吃東西的方法，**就是想吃什麼就吃**，包括一些不是那麼健康的食物，例如酸菜、鹹肉、辣泡菜、蘿蔔乾之類，如果它們能讓我開胃我就吃，總比營養卻沒胃口好，非常時期就用非常方法，我的目標只有一個，就是度過這段時期，讓自己活下去，然後再慢慢養生。

營養留得住，身體無負擔

食物的烹調方式很多，每種烹調法都有不同的風味和氣味。中國有三十六種烹調法，只要選擇其中幾項就足以照顧好病人，而且盡量用一些簡單的方式處理，**作法越**

簡單、烹調時間越短，越能保存食物的營養，方便做、健康吃，對於下廚的人不會增加負擔，對吃的人又有幫助，何樂而不為呢？例如：

蒸

使用電鍋、蒸籠或蒸架，利用水蒸氣的循環煮熟食物，任何食材都可以蒸。我的建議是少量的食物用電鍋，體積大的、份量多的、需要時間長的用蒸籠，如果沒有電鍋可用，或是食材長度塞不進電鍋，就用炒鍋放上蒸架取代，例如蒸魚、蒸蛋、蒸菜。**「蒸」是保持食物原汁原味最好的烹調法。**

煮

先在鍋子裡放一點水和少許的鹽，再把青菜放進去，蓋上鍋蓋後加熱，蔬菜就可以很快熟軟，這種烹調方式比用大量的水汆燙要好得多，汆燙容易讓蔬菜的營養流失在水裡，但是鹽水煮的方式卻可以保存，對於質地比較硬的肉類，則先燙除血水後，用煮的方式讓它熟軟，這樣肉塊本身不會乾硬，還能留下一鍋有鮮味的肉

「煮」的健康烹調法

步驟1→
先在鍋子裡放一點水和少許的鹽。

步驟2→
再把青菜放進去。

步驟3→
蓋上鍋蓋後加熱。

美味上桌

湯，用來煮麵或煮其他湯都非常好用，例如白切雞、白切肉、燙青菜。

拌

任何用拌的菜餚都比較爽口，無論蔬菜或肉類，先經過另一種烹調方式讓它熟軟之後，再用不同比例的調味料讓食物展現不同的風味，即使是健康的人也會喜歡這樣的吃法，對病人來說則是增加味覺上的變化，間接達到開胃的效果，例如拌木耳、拌洋芹、拌雞絲。

烤

很多人認為病人不能吃烤的食物，但是有些蔬菜經過烤卻會產生不同的香氣，對促進食慾是有幫助的，因為烤的過程有些食

「拌」的健康烹調法

拌洋芹

拌雞絲

拌海鮮

拌木耳

「烤」的健康烹調法

技巧一 ✕

食物不要接觸到火力

技巧二 ○

食物用容器或是鋁箔紙包裹

材可以去除多餘的水分讓口感更乾鬆，例如烤南瓜、烤地瓜，有些食材則是保持了原有的湯汁和鮮味，例如烤各種菇類，用烤作為烹調法就非常理想，但要注意的是：

不要讓食物直接接觸火力，也就是說任何食物最好用容器或是鋁箔紙包裹後再烤，在間接加熱的狀態下使食物熟軟，這樣就不會讓食物烤焦，因此是很安全的，例如烤魚、烤鮮菇、烤白菜。

以上幾種烹調法都可以運用在所有食材上，無論是蔬菜、肉類或海鮮，除了病人本身，其他家人也可以一起食用，而且無論在口味上或營養兼顧上都是非常健康的烹調法，也不會增加額外的負擔，因此只要有心，每個人都可以想出解決之道，畢竟病人都想康復、都想健康的活下去不是嗎？那當然更要好好的吃。至於各種食材的烹調法，我一共寫過一百二十餘本食譜，所有食材和烹調方式，幾乎想得到的都做過了，也都有例可循，就不在這裡浪費篇幅教作菜了，有需要就去買我的食譜來參考吧。

吃好先要好吃——病人也有吃美食的權利

病人也有吃美食的權利，這是我一再強調的，生病已經夠令人難過了，還要忍受吃不好的折磨是很殘忍的。病人需要靠食物來補充營養、增強體力，因此一定要「吃好」，但是食物也要「好吃」才吃得下去，也才能促進吸收，兩者是環環相扣的。

飲食方法錯誤是導致癌症發生的可能因素之一，但不是絕對的因素。生病了，要吃清淡、要養生、要注意營養是對的，但是如果因為生病就必須吃些毫無口味的食物，對病人未必是好的。例如：有人生病後，原本是葷食者，卻馬上改成素食，病人需要體力，但是素食的熱量、動物脂肪不足，會造成病人這部分的欠缺，如果能均衡的吃各種食物，而且做得非常好吃，不但病人樂於進食，間接的也能攝取到營養。

以蔬菜來說，汆燙是很清爽的烹調法，但是傳統作法會把蔬菜的營養流失在水裡，而炒青菜也很營養，但是天天吃就會覺得乏味，為什麼不利用一些辛香料搭配，例如：爆香的薑、蒜，甚至紅蔥來增加它的香氣呢？或者加些肉絲、蝦米，或是可以炒出香味和能夠提鮮的配料來豐富口感、美化外觀的視覺呢？凡此種種都是讓食物好吃的方法，病人也可以享受美食，甚至運用美食療癒、改變心情，這是很容易做到的。

一般來說，乳癌病人並沒有特別的飲食禁忌，只有化療期間被告誡不要吃沒有削皮的水果、以及生食肉類、海鮮之外，乳癌病人完全可以和正常人一樣吃喝，因此不必因為生病而放棄了吃美食的機會，只要注意營養均衡，不要暴食過量，偶爾打打牙祭、滿足一下口腹之慾、是被允許的。

作為一個癌症病人，我的飲食觀一直是順應自然，所有食材以天然新鮮為準，口味則是以新鮮、沒有添加物為選擇，只要符合這兩點，想吃什麼就吃什麼，喜歡什麼就吃什麼，不會刻意避開某種人云亦云的食物，也會不刻意去增加攝取某些大家都說好可是我卻不喜歡吃的東西，唯有歡喜自在的吃，才是最符合人體的營養，讓吃成為樂趣，而不是為達某種目的的方式。

跟親朋好友一同外食聚餐的時候，如果過度強調自己是

炒青菜美味的秘訣

增加香氣　薑、蒜、紅蔥

口感升級　蒜酥、蝦米

病人而列出各種禁忌的話，不但造成別人的困擾，影響用餐的心情和氣氛，對自己也不是件愉快的事，因此只要是外食聚餐的機會，我都用最開心的態度隨眾吃喝，然後不露痕跡的避開不適合或不喜歡的食物，讓每次外食聚餐皆大歡喜，至於要節食或個人口味上的特殊需求，都等回家後再說吧！

審定註 5 **黃淑惠**（郵政醫院營養師、北醫兼任講師）

化療期間改善食慾不振的飲食法

癌友在化療期間出現食慾不振，我們會給的建議是「想吃什麼就吃什麼」，畢竟再營養豐富的食物，不入口就無功效可言。因此飲食是：

1 無食慾時不要拘泥於三餐時間也不拘泥於食物種類，什麼時候想吃就吃，少量多餐，一次只吃一些，一天吃個5、6餐，累積下來也有一些能量了。

2若遇噁心嘔吐，則可採用乾濕分離法，即「固體食物和液態食物分開進食」，此進食法可避免胃部漲大引起噁心欲嘔感覺。

3若味覺改變使得食物變得都不好吃，建議嘗試找出最可接受的味道，再依此去烹調食物，（也許辣味可下嚥，那就在烹調時選辛辣食材、或酸味才下飯那就多利用檸檬、梅子或果醋來入菜）一般建議多選用氣味重食材一起入菜（如香菜、九層塔、芹菜、韭菜、蕃茄、梅子、薑、胡椒、咖哩等）。

4若因口乾而食不下嚥，建議平日用檸檬水漱口、含檸檬冰塊來刺激唾液分泌。盡量流質食物來進食，方便吞嚥，比如魚片粥（青花菜、甜椒切碎拌入於粥）、五穀巧達湯等盡量多種食物一同入菜達到小體積高熱能。

不過，在臨床上我們發現在接受化療前營養狀態越好的癌友，化療出現這些副作用的時間越短、症狀越輕。因此做好療程前營養狀態的調整比計較療程時吃了什麼都重要。建議在療程之前就先好好攝取均衡營養食物，特別是一些幫助體力建造、提升免疫的食物。

化療期間可改善食慾不振的飲食法

1 防治噁心嘔吐採乾濕分離飲食法

固體食物

白米飯、糙米飯、三明治、饅頭

液態食物

小米地瓜粥、五穀米漿、燕麥牛奶

2 味覺改變烹調變化食材

辛辣食材

辣味泡菜、黑或白胡椒、紅或青辣椒

酸味食材

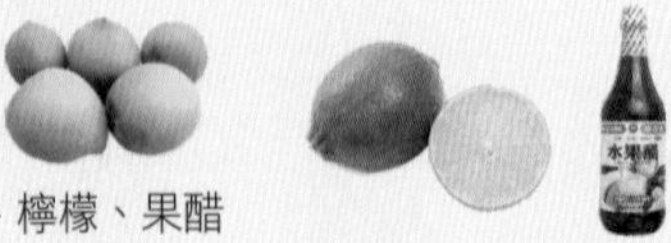

梅子、檸檬、果醋

氣味重食材

香菜、九層塔、芹菜、韭菜、蕃茄
薑、胡椒、咖哩

3 口乾而食不下嚥

檸檬水漱口

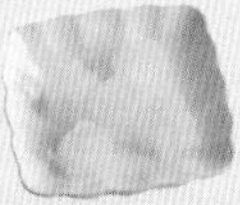

含檸檬冰塊

4 用流質食物來進食

魚片粥

魚片奶湯

審定註❻ 酸味食物的選擇

黃淑惠（郵政醫院營養師、北醫兼任講師）

很多化療病人會想吃酸味的食物，是因為酸味食物比較會刺激唾液腺分泌，可以使癌友多些唾液潤滑食物方便吞嚥，也因為酸味味道較重比較能引起味覺，吃得出食物的味道自然比較想吃，辣味也是同樣原理。

以上方法並非不可，但建議選用天然氣味重的食物來烹調，不要用加工過的醬料來提味，很多市售醬料是用人工色素和人工調味劑來調製的，對身體又會造成另外的負擔。

建議選用天然
氣味重的食物
不要用
加工過的醬料

審定註7

中醫師對於鵝肉、鴨肉食物的解析

何顯亮（香港名中醫師）

由於禽鳥（包括雞、鴨、鵝等）含有不飽和脂肪酸，因此一直被西醫或營養學家推崇，認為尤其適合產後婦女、病人或大病初癒者做為補養身體的食材。可是中醫及自然療法在臨床上反覆發現，某些人在食用某些食物後，會誘發舊病或出現某些症狀（如皮膚過敏、生瘡、嘔吐、眩暈、抽筋、心跳加速、呼吸困難、休克等），甚至使原本的病情惡化，嚴重者可致命。這些食物被統稱為「發物、毒物」，大致可分為13類。

中醫對「發物、毒物」還有另一種見解，就是食用過多與病情性質相近似的食物，例如病情屬熱病，此時進食煎炸上火或燥熱性的食物，病情就會加重；若病人體寒腹瀉，此時進食冰凍或寒涼性的食物，病情肯定加重，然而在化學分析下，這些食物本身並沒有任何「毒」，這也是為什麼中醫和西醫在治療疾病上存在著分歧。

由於病人體質各異，症狀又不盡相同，甚至每一次的病情也有差異，所以在同一種食物，對單一病人來說，有時會是「發物」，有時則不是。**中醫臨床上顯示，當自身免疫力較強時，適量進食這些之前被身體認為是「發物、毒物」的食物**，身體並不會出現過敏或病情加重的負面情況。

「發物」、「毒物」可分為13類型

1 蝦蟹、貝類、海產類

2 牛、羊類

3 糯米、芋頭等黏滑類

4 花生、芝麻、蠶豆等種子類

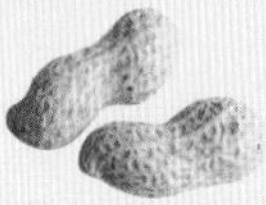

5 牛奶或芝士類

6 蛋類

7 筍、芒果、菠蘿蜜等濕熱或濕毒類

8 蔥、蒜、酒、辛辣或刺激類

9 小麥等麩質類

10 天然糖、化學糖

11 味精、化學調味料

12 菇菌類等陰濕或濕毒類

13 基因改造食物

另外，同一種食物，經過不同的烹調方法，進食後也會出現不同的情況，如蒸糕餅和烘焙糕餅、白灼鵝片和北京烤鵝就是了。《本草綱目》早有記載：「鵝肉氣味俱厚發風發瘡莫此為甚，火燻者尤毒。」**這裡的毒不是指這些食物本身存有毒性，而是指進食會誘發或加重病情**，強調皮膚濕毒、體內濕毒或積熱、氣機或臟腑積滯者，須戒吃或慎吃這些食物。因此「發物、毒物」的說法，是指某些食物或某種烹調法有這種傾向性而矣，而不是絕對性的。

現代都市人生活繁忙緊張，加上電腦資訊發達，體力及腦力均消耗過度，加上不良飲食及夜眠的壞習慣，因此多屬虛實夾雜的體質，只要稍微吃些辛辣、上火、刺激或烘焙食物，就會出現皮膚過敏、長瘡、口腔潰瘍等症狀，這也是「發物、毒物」最常見的中醫臨床表現。

中醫恆古重視病人的臨床表現，因此極之強調飲食的配合及禁忌，對改善病情及預防疾病方面具有重大的意義及參考價值。所謂「病從口入」，知道**如何正確飲食是改善健康的最重要環節**，若能同時輔以適當的治療方法或中藥調理體質，重病就能化為輕病，輕病就能化為無病，生活就能更有質素。

審定註 8

中醫對於茄子、螃蟹、芒果食物的解析

何顯亮（香港名中醫師）

中醫在治病上強調整體治療，在臨床經驗上，能嚴格遵守正確飲食的癌症患者，同時配合適當的治療手段，治癒率極高，康復時間也大大縮短，因此能說**「正確飲食及戒口」對患者起「決定生死」的作用**。

在中醫的臨床經驗裡，幾乎所有的癌病患者的體質都是「本虛標實」的，即本身的元氣長期過度消耗，又得不到充足的休息或補充，造成陰陽失衡，患者很多時表現為精神亢奮，能處於高度壓力之下，夜間睡眠五或六個小時就夠，有些甚至長期只睡三或四個小時，種種現象令人產生錯覺，以為自己身體很強壯、精神狀態良好。

雖然癌病部位不同，但由於癌症患者的體質相同，因此其飲食原則是相同的（詳細內容請參考《養生要植根．治病要除根》何顯亮中醫師◎著／原水文化出版）。患者必須謹慎選擇食物，避免進食令病情加重或惡化的食物。很多食物在營養成分的分析下，都具有抗癌作用，可是在中醫的角度裡，它們是「發物、毒物」，會危及患者目前的健康，因此要暫時禁止食用。「發物、毒物」的定義已在上一條問題中闡述過。

至於乳癌患者，應該**戒吃含有動物蛋白質及雌激素的食物**，避免病情惡化，含有雌激素的食品，如雞肉、豬肉、牛肉、牛奶、魚肉、蜂王漿、燕窩、雪蛤膏、鱔類、蟹類、蝦類等，而**熱性、濕毒、黏滯性的食物也應避免**，如榴槤、芒果、荔枝、龍眼、菠蘿蜜、紅毛丹、釋迦、辣椒、芥蘭菜、韭菜、茄子、磨菇、竹筍、芋頭、糯米等。

螃蟹是濕毒寒涼之物，對患有任何肝炎、肝膽病、皮膚病、癌症、重病患者都是大忌的，加上螃蟹**本身含有大量的動物蛋白質，屬於「促癌物」**，完全不利於癌症患者。

芒果的口感香甜營養豐富，可是其**濕毒性質會令身體帶來負面影響**，尤其是皮膚病、肝病、腫瘤等，癌症患者必須戒吃。

茄子味甘氣寒，質滑而利，孕婦食之，尤見其害，**對於體質虛弱的癌症患者來說，還是少吃為佳**，在秋冬或寒涼時節，更應節制。由於茄子性寒，因此烹調方法不宜作為冷盤。

另外，多吃茄子易令人眼矇，因此老年人、視力不佳、眼疾人士，應慎吃茄子；相反，經常進食桑椹、藍莓、紅蘿蔔、粟米等對眼睛大有裨益。健康人士，

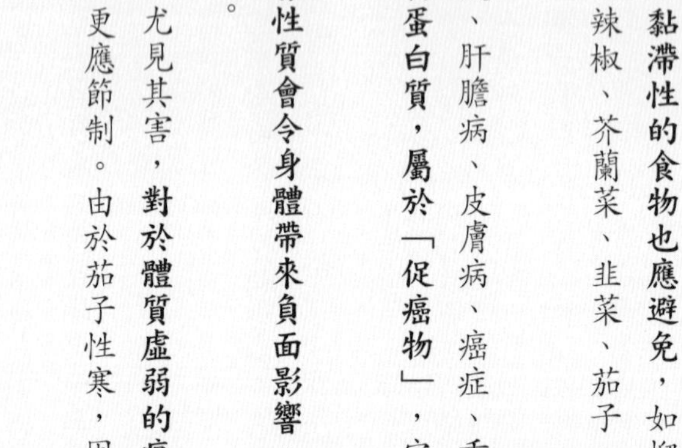

適量食用茄子，有助心血管健康。

整體而言，中醫認為癌症是身體積聚了過多毒素（濕毒、熱毒）的結果，造成體內氣機阻塞而得病，治療原則以清熱、解毒、行氣、活血、破瘀為主，因此宜多進食有此類功能的食物（如清補、活血化瘀的食物），同時避免或減少進食阻滯氣血運行的食物（如寒涼、冷凍、膩滯食物），能促進復元。

審定註⑨

對於乳癌患者是否能食用大豆製品的觀點與建議

余本隆醫師（和信治癌中心醫院一般外科資深主治醫師）

一些植物性食物的確含有少量異黃酮，乳癌病人不建議使用女性和荷爾蒙相關藥物，如停經後的荷爾蒙補充或使用口服避孕藥。黃豆中含有許多重要的營養成分，適量的攝取並不會增加復發風險。約略估計過，大約要11公升的豆漿才能提煉出一顆大豆異黃酮藥物。我們不鼓勵病人拿豆漿當開水喝，適量最重要。就如同我們不鼓勵病人拿山藥當飯吃，但偶爾喝山藥雞湯，或吃懷石料理時來一份山藥泥，應該開懷享用，不用心存顧忌。我們鼓勵病人吃天然少加工的食物，適當的攝取各種食物，才能營養均衡，再有益的食物，也不宜毫無節制的攝取過量。

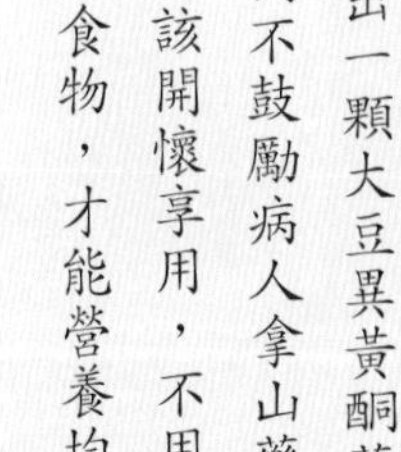

「有機」不是唯一的選擇，即便是符合標準的「有機」食品，烹調過程應該有的清洗工作、以及加熱方式、甚至保存，仍然不能掉以輕心。

其實有很多營養在新鮮食物裡都可以找到，無論蔬菜、水果或肉品、海鮮都含有各種不同的營養成分，只要均衡食用就可以在美味中攝取到我們需要的營養素。

第三部

用心—
癌症病人的飲食保健

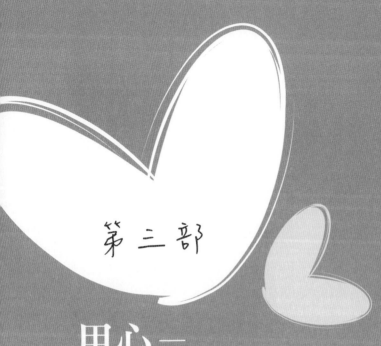

有機當道——並非唯一，只是多一種選擇

時下很多食物只要冠上「有機」兩個字，在售價上就理所當然變得昂貴，消費者只能無條件接受，這是有待商榷的。「有機」固然在品質上因為經過特別的種植方式，並經過相關單位的審核，讓消費者減少疑慮、增加信心，但是「有機」不是唯一的選擇，是消費者應該自覺的，畢竟還是曾發生過驗證不實以及不合格卻還是貼上認證標籤的案例，即便是符合標準的「有機」食品，烹調過程應該有的清洗工作、以及加熱方式、甚至保存，仍然不能掉以輕心，對經濟能力好的人來說，選擇「有機」食物只要消費得起無可厚非，但對經濟能力不足的人來說，除了「有機」之外，**選擇新鮮食材、善用烹調方法、妥善保存放置**、一樣可以得到需要的營養，因此「有機」食品只是多一種選擇，而不是唯一的選擇。

現代人都被灌輸要多吃蔬果，一些食療專家也大力提倡生食，水果生食是理所當然，但是也要注意考量是否合適自己的體質，蔬菜生吃則是見仁見智，我個人不習慣、也不喜歡，生食蔬菜的清洗工作一定要嚴格執行，**即使用清水洗得非常乾淨，最後一定要再用冷開水沖洗過，並且瀝乾水分才安全**，此外，要生食最好在家吃，因為外食蔬菜

清洗絕對不如自己把關的嚴密，千萬不要因為生食比較營養的迷思，卻不知不覺中攝取到看不見的細菌，那就得不償失了。

生食的養分不會比較高

有些異國美食以「生吃」為品嚐鮮美滋味的方式，但是飲食習慣不同，料理手法的差異、以及運送過程、保存方式，都很容易讓食物滋生細菌而不自知，以生魚片來說，日本、韓國的氣溫比台灣低很多，他們長期生食的飲食習慣已經有非常完善的設備來調理生食、冷藏生食，包括體質上，他們也已適應生食的攝取，但是台灣不一樣，生食完全是外來的飲食方式，我們學人家吃生魚片，但是我們的調理環境還是生熟食混雜，我們的冷藏設備還不夠嚴謹，以致造成生食的新鮮度打折、變質，吃下這種食物，除了靠刺激的調味料做掩飾外，毫無鮮度可言，更談不上營養，對一般人尚且無益，對病人可能成為傷害，因此，生食是不值得鼓勵的吃法，病人更應謹慎小心。

生食蔬菜的清洗執行步驟

1 清水洗淨

2 瀝乾水分

3 再用冷開水沖洗過

拒絕病毒——藥補不如食補

我是最不喜歡吃藥的人，包括食物的氣味，如果味道不好也不會吃它，哪怕是再補、再貴的東西，我都當作是藥而不是食物，例如：中藥燉補的藥膳，有的很香很好吃我就會接受，如果味道很怪、甚至很苦，再補我都不吃。其實中藥如果能調配出很不錯的味道，既能養生又有口感，那不是一舉兩得嗎？如果這種療效比又臭又苦的來得慢，那我也寧願慢慢補、慢慢接受它。

生病期間我收到很多朋友送來的各種維他命、酵素、葡萄籽之類的營養補充品，我知道他們花了很多錢，也很感謝他們的善意，但是面對哪些不同形狀的藥錠、膠囊，我一點吃的慾念都沒有，要按照說明書上指定的份量，每天分次呑服這些毫無味覺的食品，對我而言是很不人道的折磨，因此有的我吃了幾次就停了，有的甚至整罐都沒打開過，一直存放在櫃子裡，這樣的作法對雙方都是浪費，所以我得提醒要去探病的人，千萬不要花錢買那些自以為對病人有用的營養補充品，除非病人本來就有吃這些營養補充品的習慣，或者他願意接受這類補充營養的食品。

其實有很多營養在新鮮食物裡都可以找到，無論蔬菜、水果或肉品、海鮮都含有各種不同的營養成分，只要均衡食用就可以在美味中攝取到我們需要的營養素了。例如：

蘆筍

是最天然的防癌食物，含有維生素A、C、E及高鉀，可加速血液循環，其所含的硫化醣氨，有助於保持細胞的完整與清潔，而豐富的葉酸以及高鉀含量，可加速血液循環和腎臟排尿功能，此外蘆筍的硫化醣胺是最好的排毒酶素。

蘆筍的品種有分為「白蘆筍」—和「青蘆筍」：白蘆筍適合煮湯（可參閱《癌症療癒樂活美食》第一九四

頁）。西式的調理是把白蘆筍搭配奶油和高湯煮軟後，然後整支切著吃，平常這樣食用感覺還蠻好的，但是在我生病期間，對奶油的味道特別反感，因此選擇拿它用雞塊或排骨煮成湯，變化成另一種清新自然的口感。

青蘆筍有分為「粗」及「細」的品種，吃法大都是簡單的清炒或是搭配肉絲、蝦球拌炒，不過粗蘆筍最好先汆燙過再炒，才能保持翠綠和口感，細蘆筍只要大火快炒很容易熟，吃起來也甜脆，是很爽口的蔬菜。

青花菜

是最佳的十字花科抗癌蔬菜，含維生素C和蘿蔔硫素，其中蘿蔔硫素具有抗氧化和抗癌成分，並且可以促進雌激素代謝。我本來對青花菜不是很喜歡的，但是它被醫學界推崇為抗癌效果最好的蔬菜，為了增加對它的攝取量，我試著去接受它，後來我自己研發出用優格調成的醬汁（可參閱《癌症療癒樂活美食》第二〇五頁）澆在燙熟的青花菜上變得很好吃後，便覺得好吃多了，還有用油水炒的方式也很簡單，又能嚐到鮮甜的風味。

番茄

含有豐富的茄紅素可以保護細胞、防止癌變，其所含的酚酸成分則可抑制體內亞硝氨的形成，達到預防癌症的效果。我非常喜歡番茄具有的天然香氣和甜味，但是我很少生吃番茄，卻經常用它做菜，化療期間不能吃生食，番茄當然不能生吃，我就將小番茄先汆燙過，剝除外皮後再用話梅汁去泡，很好吃，既可當小菜又能當零食，也是攝取番茄營養的方式之一，但是我更多時候是用番茄煮湯（可參閱《癌症療癒樂活美食》第二〇二頁），尤其當沒有高湯的時候，只要加一個番茄進去就可以清水變雞湯，不但湯汁變得鮮甜，又避免了用味精或雞粉這些人工甘味的缺點，番茄算得上是蔬菜中的甘草，而且百搭，無論豆腐、青菜、肉品、海鮮，都可以搭配出極佳的風味。

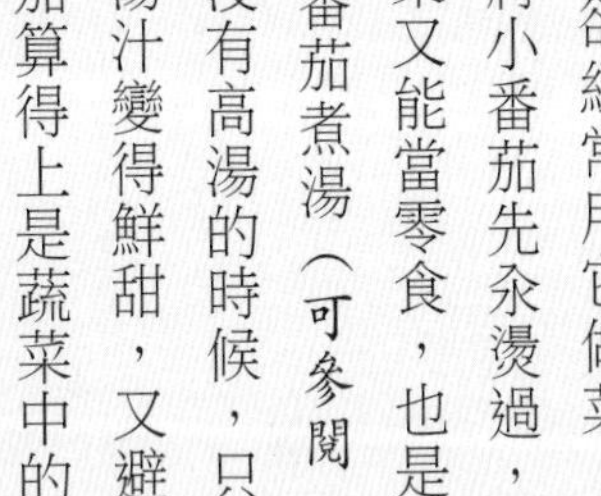

番茄的料理變化

上　小番茄汆燙→剝除外皮→用話梅汁浸泡。

中　番茄加水→變成鮮甜；美味高湯（取代味精、雞粉）。

下　番茄搭配豆腐、青菜、肉品、海鮮。

紅蘿蔔

含有豐富的β胡蘿蔔素，能加強免疫系統、幫助細胞生長；並有鈣、鉀、維生素B及維生素C，其中鈣可以幫助血管收縮，維生素B可以幫助新陳代謝，維生素C可以強化血管。

吃紅蘿蔔可以煮熟後加在其他蔬果中一起打汁，但不建議用生的紅蘿蔔榨汁，因為生紅蘿蔔汁不容易被人體吸收，還有色素的問題，喝多了會有皮膚變黃。我通常將它切塊後，搭配白蘿蔔做成紅燒牛肉或豬肉（**可參閱《癌症療癒樂活美食》第二〇四頁**），或者搭配番茄、馬鈴薯、高麗菜煮成羅宋湯。在其他食材的配合下，紅蘿蔔也就變得好吃了。

紅蘿蔔有「紅心」和「黃心」兩個品種。「紅心」的口感比較甜、比較軟、也比較沒有紅蘿蔔的生腥味，而「黃心」的質地比較硬，切開可以看到中間一圈比較淡的黃色，氣味也比較重。如果不喜

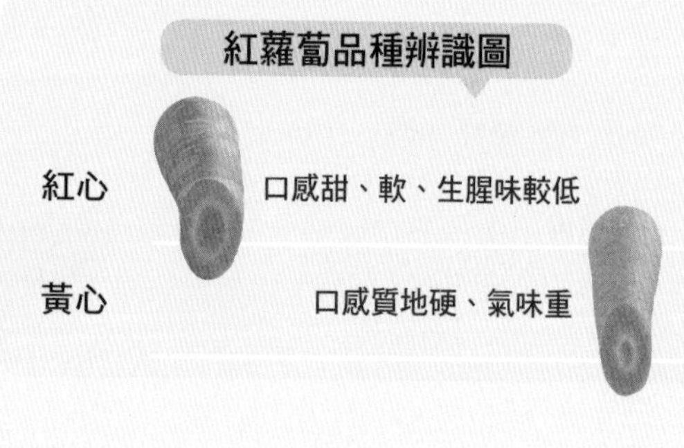

歡紅蘿蔔氣味的人，可以改買紅心品種的紅蘿蔔。

紅蘿蔔也是做廣東泡菜的原料之一，但我總覺得它的配色功能比口感來得大些，每次吃廣東泡菜我對白蘿蔔和小黃瓜都吃得比較快，紅蘿蔔也會吃但都留在最後，後來我想了個讓自己樂於接受它的方式，就是切絲用高麗菜包起來吃，心情好，想用它擺盤的時候我就花點刀工把它切得美美的，否則就像菜捲一樣包起來，中間還可以放入一些炒香的芝麻或堅果，也非常好吃，紅蘿蔔就變得不那麼難以接受了。我稱它為「珊瑚蘿蔔捲」（詳見第一五八頁）。

菠菜

含有維生素A和維生素B_2，可以幫助身體吸收其他維生素，充足的維生素A可以防止感冒。菠菜含有菸鹼酸，所以口感略帶澀味，最大眾化的吃法是清炒，因為受熱快，所以很容易炒熟，調味料只需加點鹽就可以了，通常我會加點蒜末先爆香再炒，增加它的香氣，但是這種菜只能現吃現炒，隔頓就不好看也不好吃了。至於菠菜料理就更簡單了，燙熟、炒熟都可以，我吃菠菜的方法很特別，因為它有點澀，所以炒著吃不是很好吃，如果想經常吃的話，我有時把它放入高湯裡去涮，有高湯的鮮味滋潤過好吃多了。

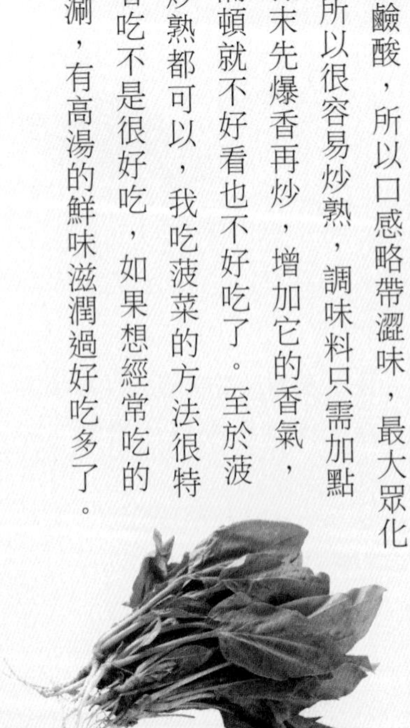

梁老師樂活分享

選擇有機豆乾可以避免黃樟素和防腐劑的問題，或者是改用未精製的白豆乾，只是經滷過程序的豆乾味道比較香，而且入味。

這一道涼拌菜也是吃稀飯配搭的美味佳餚，有時口味比較清淡，我就加些醬油膏拌一拌，搭配地瓜粥或白粥口感都不錯。

菠菜拌豆乾

材料

菠菜1把（約6兩）滷豆乾5片

調味料

鹽1茶匙、麻油2大匙

作法

1 菠菜洗淨、整棵放入加有少許鹽的開水中燙熟，撈出、沖涼，擠乾水分。

2 菠菜和滷豆乾分別切碎，放入大碗內，加入鹽、麻油拌勻，即可食用。

還有另一種吃法是做成小菜（菠菜拌豆乾），萬一分量做太多，冰在冰箱隨時拿出來吃還是很爽口，對於不想餐餐都下廚的人非常便利，不妨試作看看。

含有的吲哚素（indole）能改變雌激素的代謝，降低乳癌風險，其所含有的異硫氰酸鹽，可降低致癌物的毒性，有效預防肺癌和食道癌。高麗菜中含有的蘿蔔硫素，則是功能強大的抗氧化物，可以增強體內酵素的解毒能力，也是維生素C和纖維的良好來源。

高麗菜

體型與色澤跟高麗菜很接近的大白菜，在中醫的解釋是屬於比較「冷底」的蔬菜，但高麗菜就不會有這樣的問題。記得有些景點如果是接近高山地區的風景區，遊客在欣賞風景的同時都會去吃當地的高冷蔬菜，其中最受歡迎的就是高麗菜，口感又甜又脆，常常吃完一盤又接著一盤，清炒的高麗菜不須添加任何配料，就能嚐到它天然的滋味，市場上如果出現標示是梨山高麗菜時，價格往往也貴上許多，因為好吃。

其實高麗菜只要選它外型葉片呈圓錐狀，頂上微微張口的品種，都能有不錯的口感，切忌買葉片裹得結結實實的，那種質地比較硬，水分少、不夠清甜。我吃高麗菜除了清炒，也會加在羅宋湯內增加蔬菜的含量，如果要簡單做又好吃的話，有一道酸辣蓮白菜很值得推薦給大家。

梁老師樂活分享

道菜冷熱皆美味，冰得涼涼也非常爽口，而且多放幾天也不用擔心，反而越入味越好吃。可以一次做一大顆，慢慢吃，家人也很喜歡這個味道，不用每餐為了炒青菜麻煩，倒是省事不少。

酸辣蓮白菜

材料

小型高麗菜1顆（約1斤半以內）、辣椒3支、嫩薑1小塊、蒜末1大匙

調味料

花椒粒2大匙、麻油3大匙、糖5大匙、醋5大匙、鹽1茶匙

作法

1 高麗菜洗淨、切細條狀，先用鹽兩大匙拌勻，醃約20分鐘後，用清水洗去鹽分、瀝乾，裝在大容器內。

2 辣椒去籽、切絲；嫩薑切絲，和蒜末一起放在高麗菜上。

3 炒鍋內放入花椒粒先乾鍋炒香，再倒入麻油以小火拌炒，待香味透出後，將花椒粒撈除，加入糖、醋煮勻，最後加入鹽1茶匙拌勻。

4 再將作法3倒入高麗菜中完全拌勻，放置約20分鐘入味，即可食用。

新鮮天然是唯一的條件——減少外食、動手做，為健康把關

新鮮、天然是食物的最高品質，無論多麼營養、多麼美味的食物，如果出自加工合成，就不是最好的。

事實證明，許多名氣大、銷售量驚人的營養品，也有被驗出誇大功效的事例，消費者之所以相信它的療效，更多時候是心理因素，以為名氣大就是安全，以為銷售量大就不需懷疑它的真實性，我不是說這些營養補充品不好，而是不必把它當成仙丹妙藥來提升自己的健康。

我一向不喜歡吃保健食品，所以各種維他命只要是藥丸形狀的東西都抱著能不吃就不吃的心態，除了醫師開的藥物，從來不主動去買任何營養品來增強或保健體能。

蔬菜有農藥、肉有瘦肉精、魚有輻射物、雞有抗生素、麵包或蛋糕有色素、防腐劑、果汁有塑化劑，似乎每種食物都潛藏著危機，那麼我們還能吃什麼？這是現代人會擔心的飲食隱憂，因此提醒大家要更小心選擇食物。

▲從挑選食材到清洗、烹調，自己動手做，是為健康把關的第一線。

其次，**自己動手做，是為健康把關的第一線**。從挑選食材到清洗、烹調，想到要作為自己或家人的飲食，並且攸關健康，就會更加小心謹慎，唯有食物安全才能保障健康，如果食物本身充滿疑慮，生病當然也是遲早的事了，雖然飲食未必是生病的全部主因，但不會完全沒有關聯，我們無法選擇基因，但是我們可以改善生活的方式，讓自己活得健康，除了正常的作息和優質的生活態度，即使不能倖免，也有足夠的體力跟它抗衡，而「飲食」是我們所能掌控的關鍵。

外食固然提供了方便，但是食材的品質、處理過程的衛生標準、烹調時的營養條件，很多的飲食安全問題是讓人不放心的，如果看過餐廳的廚房，看過廚師處理菜餚的過程，很多人或許會不敢吃，許多成品充斥著高油、高鹽、高糖的問題，這些都不是精美的裝潢和美麗的盤飾所能掩飾，因此回歸問題的基本面，儘量自己動手做和減少外食，才是守護健康最安全的辦法。

食療效益跟價格無關

經濟條件好的人用燕窩調養，經濟能力差的其實吃白木耳的效果也不差，有人買消脂去油的藥丸來瘦身，其實只要吃完肉類喝一杯稀釋的水果醋也可以達到相同的效果，但是兩者的成本卻相差很多，因此不要以為貴就是好、貴才有效，許多廉價食物中所含的營養素與療效同樣有它的功能。

我在化療期間以及化療後的調養期，都沒有花大錢買任何補品或營養品，吃的都是便宜的食材，**包括補品在內也都是非常大眾化的食品**，因為我沒有太多的預算進補，但是我也沒有因此而影響到我的治療效果，**吃的喝的都達到效益，花的錢卻不多**，大家應該打破「貴就是好」、「貴才有效」的迷思，例如：黑木耳、白木耳就是價格便宜、功效又非常好的廉價補品。

黑木耳

坊間近年大為盛行的黑木耳露，就是將煮過的黑木耳打成液態飲品，再加少許冰糖調味，如此而已，黑木耳的成本很低，真要用喝的，只要花點時間自己做也很簡單。

黑木耳具有活血、清肺、潤腸、健胃、通便的成效，屬於黑色

菇類的一種，含有豐富的膠質和酸性多醣體，能降低膽固醇和血脂肪，老一輩的人都說吃它可以清血管，防止血管硬化、促進血液循環，是非常便宜卻功效極好的保健食品。

黑木耳由於產地的不同有很多品種，體積也有大有小，可以到專賣南北貨的商店或傳統的雜貨店買一包乾燥品加水浸泡，一般選購大朵、白背的黑木耳就可以了，懶得泡就買市場泡好的也可行，其實店家也只是用冷水泡發而已，不需要添加物，就可以漲大成原來的數倍，還有些體積小的雲耳、川耳的價格高些，口感比較脆，適合做菜，打汁就用便宜的，其實營養價值相同。

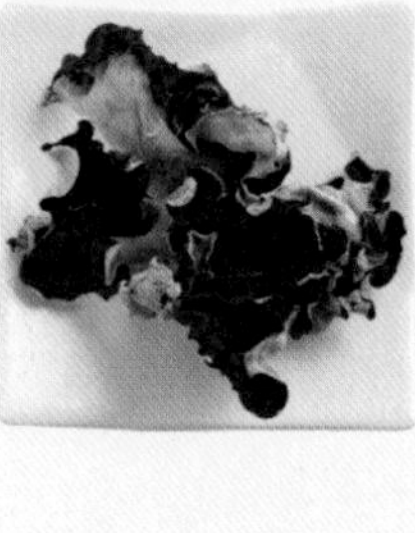

梁老師樂活分享

黑木耳打汁時，由於木耳本身的多醣體打碎之後會變得黏稠，因此可以在煮的時候，先將糖水煮化後，再倒入黑木耳汁，並且不斷攪拌，避免黏鍋，濃稠度可視個人的口感增減水分，待完全冷卻後再裝瓶，放冰箱冷藏，隨時取用非常方便。

黑木耳元氣飲

材料

黑木耳適量、冰糖少許

作法

1 將泡軟的黑木耳放入煮鍋內，先整片煮熟，約2分鐘左右。
2 撈出切小片，放入果汁機，連同煮木耳的湯汁一起打碎，再倒回鍋子內。
3 加少許冰糖煮到糖溶解就熄火，放涼後，用寶特瓶或其他容器裝起來，放冰箱冷藏，冰涼了更好喝。

涼拌黑木耳

材料

泡發的黑木耳4兩（白背黑木耳或小朵的木耳都可以）、嫩薑1小塊

調味料

水果醋1/4杯、鹽少許、檸檬汁2大匙、麻油1大匙

作法

1 泡軟的黑木耳切除蒂頭放入鍋內，加水蓋過食材，燒開後煮約2分鐘，然後撈出、用冷開水沖涼。

2 每片黑木耳切細絲，嫩薑用擦薑板磨細，放入小碗內。

3 將全部的調味料放入容器中，加入黑木耳絲拌勻，放置約10分鐘，入味即可食用。

梁老師樂活分享

這道涼拌菜，如果想增加口感或讓配色豐富些，可以加入切絲的青、紅甜椒或燙熟的綠豆芽，就看個人的喜好和創意了。我都是一次做一大盒純黑木耳的涼拌，然後用它搭配別的蔬菜或熟雞絲、肉絲，讓口感多些變化，也是不錯的味覺享受。

白木耳

浸泡過的白木耳色澤雪白，一般又稱為銀耳，含豐富的多醣體，可以增強免疫力，抑制癌細胞生長，對於化療期間造成的口乾舌燥，將白木耳煮熟打汁飲用，可以減少不舒服的感覺。

需要注意的是，不要買色澤雪白的白木耳，那是硫磺薰出來的效果，好的白木耳顏色帶點黃，聞起來沒有異味，只要用冷水泡軟，顏色自然就白亮了。泡發後的白木耳會比乾燥的時候膨脹很多，如果超過所需的分量，可以先剪除蒂頭、揀出乾淨的部分、然後用冰糖蒸熟，再用塑膠袋分裝起來，放冷凍庫冰存，無論是當甜品點心或是打成汁當飲料喝，都是作法簡單又物美價廉的補品。

煮過的白木耳，吃起來的口感是脆的，但若用電鍋長時間的蒸，就可以蒸出綿軟黏稠的白木耳，我比較喜歡這種軟爛的口感，反正每次都要泡，就一次泡一包，店裡有賣一包二兩裝的小包裝，份量剛好，如果是大包裝的就一次抓兩把，泡開後一半煮，一半就放冷凍庫冰，下次要煮，拿出來解凍就可以了，很省事。我煮白木耳都用電鍋蒸，非常方便。加水、按下開關，好了會自動跳起來，喜歡吃脆

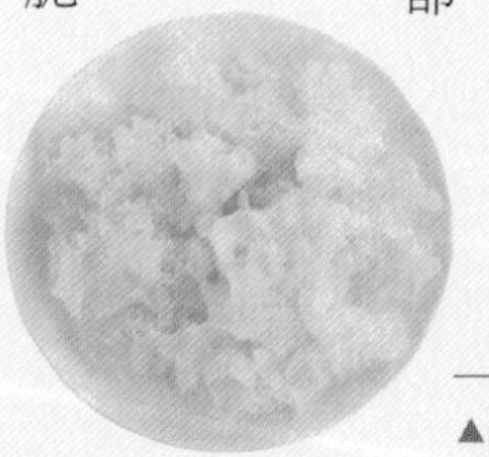

▲白木耳又稱為銀耳，含豐富的多醣體，可以增強免疫力，抑制癌細胞生長。

的，外鍋加1杯水；喜歡吃軟的就放3杯水，根本不用費神，一覺醒來就煮好了，然後加點冰糖調味，如此而已。

白木耳也是很好的基底，通常一次煮一鍋，除了可以單吃白木耳外，煮蓮子湯或綠豆湯、紅豆湯的時候，都可以加一些進去，或者加點紅棗、枸杞子同蒸，好看又好吃，而且冷熱食都美味，天然的食物就是身體能量最佳的營養補充品。

白木耳健康吃

白木耳吃口感脆

電鍋外鍋放入1杯水

白木耳吃口感軟

電鍋外鍋放入3杯水

口感升級可添加紅棗、枸杞子

+

不吃發酵醃漬品

我做菜非常不喜歡使用醬料，外食更是從不點有醬料成分的菜，無論豆瓣醬、甜麵醬、蝦醬、海鮮醬、甚至豆腐乳，都經過發酵的程序，使用它們來與菜餚結合，雖然可以達到開胃、下飯的效果，但是考量發酵過程中產生的霉菌，我們沒有能力去瞭解它是否對人體有害、是否會潛伏？甚至變成疾病的肇因，外食餐廳的廚房環境及食材的保存工作不可能像家庭那麼謹慎，那種任由食材曝放的方式，一旦發霉是不容易被發現的，即使出現霉斑也可能只是挖除表面而已，這樣的烹調用料讓消費者毫無保障，與其抱著懷疑的態度去臆測調味料安不安全，不如不吃。

▲發酵的醬料添加化學調味料，為健康考量建議還是少吃。

非禁不可——多蔬果、節制糖與油、少肉！

多蔬果

我在化療期間被告誡不能吃沒有削皮的水果，包括打精力湯的蔬菜，因為它是沒有經過加熱或殺菌的生食。病人由於活動量少，消化系統變得緩慢，因此容易造成便秘，而水果有很好的纖維質，也是促進腸胃蠕動的有效食物，但是有的水果太涼，吃多了還是不好的，例如：各種瓜類，天氣熱的時候，一盤冰得涼涼的西瓜或哈蜜瓜吃起來的確舒服，但是別忘了病人的體質是比較弱的，再好吃都不適合多吃。

打成果汁的各類水果，最好能均衡一下，每種水果都加一點，不但能攝取到多種營養、美化口感、也**不會因為單一攝取，而有水果過熱或過涼影響體質的問題**。水果是調節食慾的媒介，也是爽口的食物，不要因為它是「燥熱」而多吃，也不要因為它「冷底」而不吃，水果要跟其他食物一樣均衡的攝取才是正確的觀念。

水果可以直接食用也可以打成果汁，我不太遵守坊間

那些比例搭配出來的所謂養生果汁，而是以當地當令的盛產水果為主，什麼水果都吃，也沒有一定的比例份量，只要是新鮮的，每天、每種都各取一些打成綜合果汁，因為不同顏色的水果有不同的營養，不同的成分可以提供身體不同的維生素補給，而水果有的口感甜、有的酸，單一食用可能口感不好，但是打成果汁經過融合，就不會覺得特別甜或特別酸了，何況果汁還是比切成塊或是顆粒的水果方便食用，也容易吸收。

我很少加入葉片蔬菜和水果一起打，但是偶爾會加一些洋芹菜、小黃瓜、小番茄等硬性蔬菜，相同的果汁也不會天天喝，而是每天替換不同的比

製作果汁3大特色

1 提升口感的美味

融合水果的甜味、酸味

2 可平衡體質

綜合水果的涼性、溫性、平性

3 提供身體不同營養素

各種顏色的水果含有不同的維生素

例，因此每天喝到的都是不同味道和營養的果汁。

此外，除了蔬菜水果，我也會加入堅果類，坊間大賣場或有機商店都有賣混合了多種品項的綜合堅果，這樣就不用分別買不同的類別了，非常方便，每次打果汁時加入一點，不但增加風味，也可以攝取到不同堅果的營養。例如：杏仁、腰果、核桃、南瓜籽等，這些**堅果都是不飽和脂肪，所含的植物纖維可以預防便秘**，而且含有維生素A、C、E和B群，還有銅、錳、硒、鎂等豐富的維生素和礦物質，最好**選購新鮮並且未添加調味的，以烘烤處理的會比油炸方式處理的好**，這些堅果最好放冰箱冷藏，如果保存的地方太高溫，還是容易變質。

蔬果汁搭配變化食材

蔬菜類

洋芹菜、小黃瓜、小番茄

堅果類

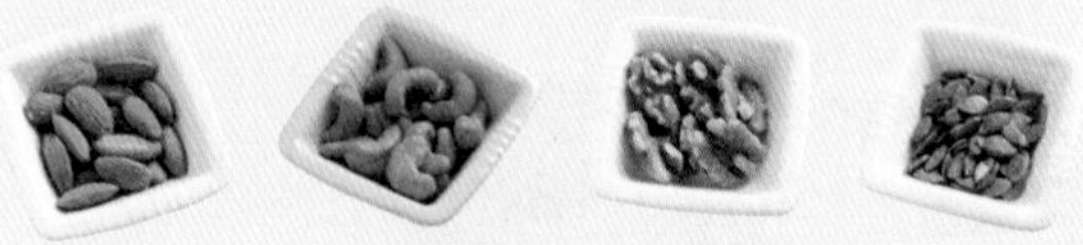

杏仁、腰果、核桃、南瓜籽

少油&糖

即使是健康的人，高脂肪、高糖、高熱量的食物也會對健康不利，對癌症病人來說，即使已經康復，也不能肆無忌憚的吃，畢竟曾有過癌症的因子存在，更應該小心謹慎。高脂肪高熱量的食物容易讓脂肪堆積而造成肥胖，很多人生病後變胖了，就是因為吃得多、動得少，又以為生病了要多進補的心理，結果造成體態上的肥胖。

我自己也有這些問題，化療期間瘦下的四公斤，一年後全都回到身上，主要是新陳代謝變慢的緣故，因此即使每天運動，損耗的熱量仍然有限，因此我開始節制食量，嚴格遵守早上吃飽、中午吃好、晚上吃少的原則，減少肉食、增加蔬果比例，即使瘦不多也不至胖下去。

對癌症病人來說，甜食是最不利的食物，尤其巧克力、奶油糕點更應該少吃，年輕的時候我很喜歡吃巧克力，應該說我對甜食都是來者不拒的，三兩下吃完一盒十二粒或十六粒裝的巧克力是輕而易舉的事，後來隨著年紀大而有所節制，但是甜食和巧克力仍然是我的最愛，生病期間看了很多書，也從很多書中看到甜食對癌症病人不利的報導，於是我漸

▲甜食只要偶爾解饞即可。

漸不吃巧克力了，偶爾嘴饞也吃得非常少。

對於糖的選擇也有新的概念，以前做菜或使用到糖的時候，為了色澤上好看，我都是用白糖的時候多，後來知道這種**精煉的白糖不如黃砂糖健康**的時候，我就不再用白糖了，無論做菜或煮甜湯，即使**黃砂糖的效果不如白糖**，我還是願意從健康著想而選用黃砂糖，而且份量慢慢減少，比起從前的甜膩度清淡許多，雖然營養學家認為黃褐色的冰糖比黃砂糖更好，但是除非烹調的時間足以讓冰糖融化，否則食物入口吃到顆粒的冰糖也很掃興，因此我建議用黃砂糖就可以了。

中菜烹飪有句行話說：「油多不壞菜。」傳統的中菜為了好吃、好看，經常使用**大量的油去處理烹調的過程，其實是非常不養生的吃法**，我現在的口味非常清淡，**做菜都是以清蒸、水煮和汆燙為主**，濃油赤醬的烹調已經少之又少了。

3 種糖營養價值比較

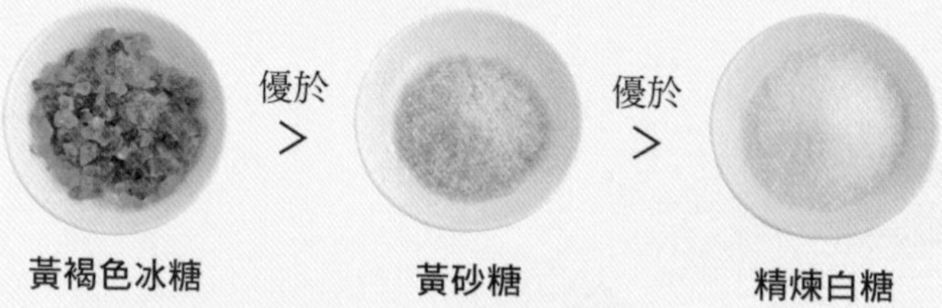

黃褐色冰糖　　黃砂糖　　精煉白糖

癌症病人的另類素食──滿足身體和味覺需求的健康素

「吃素」是環保、愛地球；「吃素」是養生、保健；「吃素」也是戒殺生、積功德，無論出於何種動機，「吃素」都是飲食選擇的一種，而且占了相當大比例的人口。飲食是造成癌症的因素之一，但並不是「吃素」就不會得癌症，或是得了癌症改「吃素」就可以抗癌。

我不否認「吃素」是健康的選擇，而且相信有它不同的口感，但不是唯一，更不是必須的改變，即便是健康的人也需要不同的營養成分來均衡身體的新陳代謝，癌症病人更需要營養均衡，尤其是化療期間，體力的損耗很大，如果血紅素不足，白血球的指數太低，就會影響療程的繼續，對病人而言是非常不利的，所以**化療期間病人都被囑咐要多吃紅肉來增加血紅素**。

化療之後，如果身體狀況不錯，想選擇吃素，那是個人的意願，即使如此，我建議也須慢慢改變，畢竟素食少了動物蛋白質的成分，對營養的均衡難免有不足的地方，可以從比例上慢慢調整，直到身體完全康復、體力也完全恢復正常為止。

以前的素食都用了大量的豆製品，而豆製品中又添加了防腐劑、色素和人工甘味，營養大打折扣，但是隨著素食人口的增加，以及素食食材的改良，現在的素食有很多已經大量採用天然食材，口感及營養也改善許多，不過有一點必須釐清的是：吃素是為了健康，與宗教無關、與修行也無關。

修行素受到戒律的限制，任何肉食都是不被允許的，但是健康素的限制沒這麼嚴格，可以使用蔥、薑、蒜，甚至韭菜也可以接受，而我個人對素食的接受度不高，卻也不是肉食主義者，因此**我折衷的方式是，肉邊菜或使用肉類高湯烹調的蔬菜成了我的另類素食**。

各類蔬菜是素食的一種，但素食並不只有蔬菜，還包括豆製品，豆製品的大豆蛋白營養很豐富，但並非能完全取代動物蛋白，因此我除了吃豆

▲健康素能使用蔥、薑、蒜或韭菜是滿足身體和味覺需求的素食。

腐、豆乾各種比較天然的豆製品以外，蛋類也是我攝取的項目，不管豆製品或蛋類，有時候是跟肉類一起烹調，這時我反而食用其中豆製品的機率高些，跟吃素無關，純粹是味覺的自覺反應，我這種想法可能對嚴格遵守吃素的人來說很不以為然，也對素食者大不敬，但是**我吃的是健康素，是滿足我身體和味覺需求的素，也就無關乎素食戒律的各種規格了**。

素食的另類選擇

1 蛋類

煎荷包蛋、水煮蛋、菜脯蛋

2 豆製品

紅燒油豆腐、涼拌嫩豆腐

3 肉邊菜

時蔬養肝湯、冬瓜番茄養生湯

面對即將開始的化療，病人應該趁著體力和食慾都還好的時候，好好滋補營養，血紅素要夠、白血球的數量也要足，才能順利做完整個療程，因此在這個階段最重要的是建立良好免疫力的五要訣：吃好、睡好、活動好、休息好、心情好。

第四部

關心—
癌症病人的療癒美食

化療前 增強元氣的食療

乳癌患者經過乳房切除手術之後，除了傷口癒合前的疼痛之外，還有體力耗損的問題，但是胃口還沒有太大的改變，對味覺的反應跟手術前一樣，所以食慾是跟正常人相同的，但是身體需要更多的蛋白質來重建和修補受損的組織，以及幫助傷口癒合，因此在這個階段應多攝取高蛋白質的食物，輔助身體的復原，例如：牛肉、鮮魚、雞湯等食物，讓身體儲存足夠的養分，才能承受癌症治療帶來的副作用，減少感染的風險。

在乳癌切除手術之後一個月，需要化療的就會開始進入療程，而化療是會造成身體不舒服的治療，也會有食慾不振以致體力減弱，而間接影響營養攝取或補充的不足，因此面對即將開始的化療，病人應該趁著體力和食慾都還好的時候，好好滋補營養，血紅素要夠、白血球的數量也要足，才能順利做完整個療程，因此在這個階段最重要的是**建立良好免疫力的五要訣：吃好、睡好、活動好、休息好、心情好**。

● 高蛋白食物

滴牛肉精

一般人食用雞精的比較多，但是牛肉精的營養和熱量比雞精更高，作法卻不會比較麻煩，而讓病人變換不同的口味，也是促進食慾的方式之一。

材料

牛腿肉4斤

調味料

酒2湯匙

作法

1 將牛腿肉片開成厚片狀，用叉子在肉面均勻扎洞，然後抹上米酒。

2 準備一個空內鍋，上面放蒸架，然後鋪上牛肉，電鍋的外鍋加水至內鍋的一半，再將內鍋放入，按下開關。

3 蒸至開關快跳起時，外鍋再加入一半的熱水繼續蒸，同樣方式重複三次，直到最後一次開關跳起，約需6小時左右。

4 取出牛肉片，濾出湯汁即成牛肉精，趁熱飲用。

梁老師樂活分享

製作牛肉精用牛腿肉即可，比較瘦沒有油脂可以長時間的蒸，用電鍋是比較簡單省事，只要中途加水繼續蒸即可，但一定要加熱水或開水，避免溫度降低影響湯汁分泌，空鍋的作用是承接滴落的湯汁，裡面也可以放點枸杞子增加香氣或切碎的西洋蔘片，無論口感或進補都有加分的作用。

● 快鍋作法：

1 準備一個比外鍋小的內鍋，上面放一個蒸架，然後鋪上處裡過的雞肉，為了防止在雞精完成前水燒乾，可以先墊一個鐵架。
2 再將內鍋放入快鍋內，外鍋的水只達內鍋的二分之一即可，避免燒開後滲透至入鍋內，然後蓋上鍋蓋，先大火燒開。
3 待快鍋發出聲音時，改小火燒一個半小時，熄火後待氣閥下降，即可取出，倒入湯碗中即可食用。

● 製作雞精會耗費很多時間，後來我想出用快鍋代替大鍋的方法，不但可以完全密閉，時間也節省很多，必須注意的是要小心外鍋的水燒乾。

梁老師樂活分享

製作雞精一定要用土雞，湯汁較滋補且不會有抗生素的問題，採買雞隻不妨找熟悉而且信用的雞販購買，前處理的過程也可以請雞販代勞，只要告知做雞精，他們都會處理。基本上蒸牛肉精或雞精的過程和手法都差不多，所以可以看個人的習慣和喜歡的口感去選擇。

雞精固然補，但是時間成本太大，所以在體力稍微恢復後，我還是以一般雞湯為主，用電鍋蒸好後不管當菜吃還是做為基底搭配麵條，都非常方便又營養。

食補常用的中藥材有紅棗、枸杞子、當歸、蔘鬚、或西洋蔘片之類，通常我只選擇其中一種或兩種，不會通通放，但可依個人的喜好做變化。

高蛋白食物

滴雞精

材料　　調味料
土雞1隻　酒2湯匙

坊間有很多現成的罐裝雞精，生病期間我也收到很多，但我不是很喜歡它的氣味，所以寧願自己動手蒸製，享受食物自然的原味。

電鍋作法：

1 剁除土雞的頭部、爪，對剖切開去除內臟，用清水洗淨，剝除雞皮，用刀在肉面輕輕敲開肉層，然後抹上米酒。

2 準備一個空內鍋，上面放蒸架，然後鋪上雞肉，電鍋的外鍋加水至內鍋的一半，再將內鍋放入，按下開關。

3 蒸至開關快跳起時，外鍋再加入一半的熱水繼續蒸，同樣方式重複三次，直到最後一次開關跳起，約需6小時左右。

4 取出雞架，濾出湯汁即成雞精，趁熱飲用。

● 雞湯順著蒸架滴落到下面的鍋子裡，因為完全沒加水，所以收集到的湯汁就是原味的雞精，如果還有油，只要放涼後冷卻，就可以撇乾淨，非常滋補卻不用擔心發胖。

化療前 增強元氣的食療

●高蛋白食物

鱸魚湯

開刀的人，吃鱸魚可以幫助傷口癒合，是民間普遍的認知，無論是清蒸還是煮湯，鱸魚都是此時值得考慮的菜單。

材料

新鮮鱸魚1條、薑1小塊、黨蔘3根、枸杞子1大匙

調味料

酒1大匙、鹽1茶匙。

作法

1 鱸魚洗淨切成兩段，薑切絲。

2 用一只湯鍋，裝入需要的水量燒開，放入鱸魚、黨蔘、枸杞子、薑絲和酒，煮開後改小火，煮10分鐘即可熄火盛出食用。

梁老師樂活分享

這道湯可以直接用爐火煮，也可以用電鍋蒸煮比較快，但湯汁容易耗損，鍋子的水要比需要的多些，用蒸的湯汁比較清爽，放多少水就蒸出多少湯，比較沒有湯汁損耗的考量。

● 高蛋白食物

乾煎圓鱈

圓鱈的肉厚，口感有彈性，但價格較高；扁鱈的肉質軟，不管蒸或煎，都容易出水，但是價格便宜，這是兩者的差別。我個人喜歡圓鱈的口感，尤其乾煎的時候，外皮可以煎出一層薄薄的酥脆感，這是我選擇圓鱈的原因。

材料

圓鱈1片

調味料

酒1大匙、檸檬汁、胡椒鹽少許

作法

1 圓鱈先片除魚皮，再將中間的大骨剔除，魚肉分切成四小塊。

2 鱈魚肉先淋上酒去腥，平底鍋燒熱，放入少許橄欖油，然後將每片魚肉沾一層乾麵粉後，放入鍋中煎熟，待兩面金黃時即可盛出。

3 食用時擠上檸檬汁，撒上胡椒鹽即可。

梁老師樂活分享

這道魚的口感和味道都非常好，香而不油，酥而不膩，即使不搭配蔬菜也很爽口，是我生病期間屬於比較豐盛的食物，有時候搭配上烤南瓜、燙青花菜或馬鈴薯泥，簡直就像在家吃西餐，但是作法並不複雜，技術也不高深，任何人都可以做得很好。

變化吃法 煎好的圓鱈也可以搭配另一種煮法：將1/4個洋蔥切碎後，用冷開水沖去一些辛辣味，然後瀝乾水分，加入粗黑胡椒粉、烏醋、少許橄欖油拌勻，澆在鱈魚上一起食用也很好吃。

化療前 增強元氣的食療

● 高蛋白食物

當歸生魚湯

當歸是補血的中藥材，生魚有助於傷口的癒合，只花少許時間處理再利用電鍋蒸煮，就能呈現湯汁鮮甜又甘醇的口感！

材料

生魚（又稱作鱧魚）1條、當歸3片、黨蔘2錢、紅棗5粒、薑2片

調味料

開水4碗、酒1大匙、鹽少許

作法

1 生魚請魚販幫忙殺好（一定要用活魚），切成三小段，放入容器中。

2 加入開水和米酒，再放入當歸、黨蔘、紅棗和薑片。

3 移入電鍋，外鍋加水3杯，蒸至開關跳起即可取出，加少許鹽調味後食用。

梁老師樂活分享

食材搭配中藥材烹調，不能一開始就加鹽一起蒸，容易使湯汁味道變苦。其實也可以不加鹽，而直接喝新鮮的魚湯，並不會過於清淡而食不下嚥，因為湯汁非常鮮甜，只有魚肉比較無味，可以沾昆布醬油或薄鹽醬油食用。

● 高蛋白食物

香菇雞湯

生病的人喝雞湯，目的都為了進補，但是癌症病人卻不能過度的滋補，尤其是人蔘類的藥材，雖然功效不錯，但卻容易促進癌細胞的擴散，因此只能用溫和的食補，無論自己熬的雞精或雞湯，對增強體力都有極佳的幫助。

材料

土雞腿2支、香菇4片、紅棗5粒、當歸1片、枸杞子1大匙

調味料

開水4碗、米酒1大匙

作法

1 土雞腿1支剁成兩段，先用熱水汆燙，再用清水沖淨，放入容器中。

2 香菇泡水至軟、去除硬梗、切對半，和紅棗、當歸、枸杞子一起加入容器中。

3 移入電鍋，外鍋放2杯水，蒸煮至開關跳起，即可移出食用。

梁老師樂活分享

這種份量通常可以吃兩次，但是蒸一支雞腿和蒸兩支的時間差不多，為了省電和省事，我每次都蒸兩支，有時候另外再煮點細麵，燙個青菜，就是很好的簡餐，也可以當作下午補充體力的點心吃，但是也不要一次做太多，再好吃的東西連著吃，或一再回鍋還是不好吃的。

補血食物（補充血紅素）

多吃補血食物，化療過程如果血紅素不足就會影響療程，為了讓治療順利進行，先把體力養足，就如同打戰之前先備好子彈、糧草一樣重要。補血食物有哪些？肉類中的牛肉、羊肉，豬肝，魚類中的鰻魚、甲魚，蔬菜中的菠菜、紅鳳菜，水果中的桂圓乾、紅棗、枸杞子等，桂圓肉可以加在雞湯裡或煮粥，紅棗、枸杞子更是鹹甜皆宜的配料，只要動動腦，其實任何食物都有方法變得好吃的，而食物只要吃得下、能吸收，也就盡到「補」的功能了。

可以說含鐵質高的食物都具有補血的功效，但是有些食物處理起來比較麻煩，

有的氣味太重不見得吃得慣，例如：牛肉有羶味，八珍、四物這些中藥大補湯的氣味很重，口感也不是那麼甘甜，像我這種不太習慣麻煩別人幫忙的病人，當然選擇烹調方法比較簡易的食物，簡單不見得功效就打折，最主要是簡單又好吃。

例如：牛肉，它對病人的營養補給很有效，但是不可能天天吃牛排，再好吃、再高級、任誰也都會吃膩，所以我總是換著不同的口味，有時滷、有時涮、有時燙、有時蒸。滷牛肉用牛腱，滷好放冰箱，想吃的時候切幾片，或是用它夾饅頭、夾吐司、夾大餅捲都非常美味。

牛肉的營養，是補充血紅素非常快速有效的肉品。我在化療前、化療期都吃了很多的牛肉，以至化療結束之後，我有很長一段時間對牛排完全不感興趣，可以說吃膩了，但是為了身體上的需要，那段時間我只有變化口味。只要是我一個人吃的時候，通常我會買一些品質比較好，但是價格可能比較貴的牛肉，部位則是以油花分布比較均勻的肋眼、和牛、松阪牛居多，作法很簡單，只是簡單煎熟而已，因為油花多，所以不太需要放油，完全保持牛肉的原味，只有在沾醬上做變化，口味就很豐富了。

● **補血食物**（補充血紅素）

香煎牛排

材料

去骨牛小排或肋眼牛排（或個人喜歡的部位都可以，份量以個人吃得下的面積即可）。

調味料

酒1大匙、海鹽少許

作法

1 牛排先淋上酒，兩面沾濕以去腥。

2 平底鍋燒熱後，輕輕抹點油，然後放上牛排，兩面煎到7分熟，撒上點海鹽，就可以盛出食用。

梁老師樂活分享

化療之前吃牛肉可以不必煎那麼熟，但是化療中吃牛排，則要全熟才可以，如果怕口感不好，可以選擇牛肉的其他吃法。

三種醬料，搭配牛排健康吃！

洋蔥沾醬

材料
碎洋蔥丁1/2粒、紅酒2大匙、水果醋5大匙、醬油1大匙、鹽1/2茶匙。

作法
1 將洋蔥先整個放入冰水中浸泡20分鐘，再撈出來瀝乾、切碎。
2 將洋蔥丁與其他調味料混合，即可搭配煎牛排一起食用。

蒜蓉沾醬

材料
大蒜5粒、奶油1茶匙、橄欖油1大匙、薄鹽醬油5大匙、粗黑胡椒粉少許。

作法
1 大蒜去皮、切碎，鍋燒熱，放入奶油和蒜末炒香。
2 加入橄欖油，熄火後和其他調味料炒勻，立刻盛出。

蘑菇沾醬

材料
蘑菇10粒、蒜末1大匙、紅酒2大匙、醬油4大匙、糖1茶匙、粗黑胡椒粉少許。

作法
1 蘑菇洗淨、切碎，用乾鍋煸炒水分至稍乾，加入橄欖油和蒜末同炒。
2 加入麵粉1大匙炒香，再加入鮮奶和其他調味料煮滾，即熄火盛出。

梁老師樂活分享

當時因為有這三種醬料輪流變換調味，所以牛排還不算難吃，而且我每種醬料都是一次多做些，然後用密閉盒裝起來冷藏，不用每次吃一小塊牛排都要製作醬料，省事很多，也可以減少照顧者的負擔。

食用牛肉的3種烹調法

涮牛肉

這是最簡單的煮法，只要準備一鍋清淡的雞骨高湯，或是蔬菜高湯當湯底，然後點上酒精爐或電磁爐，像吃涮涮鍋那樣，一邊加熱一邊涮，把切成薄片的牛肉往熱湯裡涮熟了就吃，非常清淡又很鮮美，而且吃多少涮多少，絕不會有涮了吃不完的，剩下的湯底加點粉絲或煮熟的麵條，順便添加點青菜就是非常完美的一餐。

加粉絲

加麵條

加青菜

燙牛肉

用的也是切薄的牛肉片，用開水燙熟撈出後，搭配燙熟的綠豆芽或金針菇，拌入調味料用醬油膏、蒜蓉、麻油、少許糖調勻，當作一道菜來吃，家人也可以一起分享。

燙熟的綠豆芽

金針菇

拌調味料

蒸牛肉

類似煮湯，只是用電鍋蒸，吃起來比較清爽，電鍋是很方便的烹調工具。作法是把牛腩肉切小塊，先放入滾水中汆燙去除血水，然後放入容器中，加兩片薑一點米酒，最好加入開水蓋過肉面，放入電鍋蒸熟，而喜歡爛一點的，外鍋放三杯水，喜歡有嚼勁的：外鍋放兩杯水，蒸煮到開關跳起就可以取出，吃的時候再放少許海鹽調味，就這麼簡單，不管自己動手做或請家人代勞都不麻煩。

薑片

米酒

高纖蔬果助腸胃消化

蔬菜和水果都是幫助消化、促進腸胃蠕動非常重要的纖維素來源，生病期間的人運動少，活動量也不大，如果蔬菜水果的攝取量又不足的話，很容易便秘，對病人是很不利的，也會間接影響生活的品質與睡眠，因此多吃蔬菜水果是每天不可少的飲食項目。

有人不喜歡吃蔬菜，就想用吃水果來取代、彌補，其實水果是不能代替蔬菜的，兩者的成分不同，比例也不同。例如水果的糖分，蔬菜並沒有，而蔬菜的纖維高於水果，蔬果對人體的功能，除了提供不同的營養之外，它和肉類最大的不同就是可以提供豐富的纖維質，幫助消化，促進腸胃的蠕動，減少便秘、達到排泄廢棄物的作用。蔬菜還是不如水果香甜、方便、好吃，但是蔬菜只要烹調得宜，就會有好的口感，即使是健康的人，蔬菜跟水果都是日常飲食中不能忽略的營養來源。

葡萄

台灣的葡萄大又甜，先進的改良技術種植出許多品質優異的新品種，例如巨峰葡萄就贏得絕佳的口碑。

小時候住在眷村裡，很多家裡都在院子一角種葡萄，藤蔓順著搭起的支架爬滿四周，成為天然遮陰的涼棚，但是那時候的葡萄顆粒都很小，味道也很酸，好不容易發現一顆色澤稍紅的，吃起來還是讓人蹙眉咂舌的，現在的葡萄可不是那樣的，顆顆飽滿、色澤豔紫不說，甜度也高，台灣中部的氣候宜人，更是種植葡萄的好山好水，都成了葡萄的故鄉了。

葡萄含有豐富的白藜蘆醇，這是透過紫外線感染後形成的抗毒性，尤其存在葡萄皮中，所以連皮吃可以攝取到白藜蘆醇，它也是降低罹癌風險的抗劑，白藜蘆醇也有抗老的功能，此外還有抗氧化成分的花青素，可以保護心臟、降低膽固醇。因為葡萄要連皮吃，所以清洗工作非常重要，最好用剪刀剪下每一顆葡萄，而不是直接剝落。有著蒂頭的保護，在清洗過程中不會受到水的汙染，清洗葡萄最好的方法就是加入一些麵粉或太白粉後，輕輕搓揉，再用清水洗淨，並用手掌輕輕搓動葡萄，讓它在水流中轉動，同時也讓外皮的髒東西脫落，一定要多換幾次水，才能避免外皮沾附到留在水裡的髒東西，最後記得用冷開水沖淨，以免吃到未經煮熟的生水。

打果汁，是吃葡萄連皮帶籽最好的辦法，但除非有超強馬力的果汁機，否則葡萄籽打不碎，但是我認為葡萄籽打不碎沒關係，如果沒有那種強馬力的果汁機也無妨，就家裡有的用就好，至少可以把籽打裂，其中的成分還是會釋出的，頂多用細網篩一下就可以了，我不建議為了某種功能就去添購一堆工具，如果家裡沒有，可以買一台功能更齊全的，如果已經有了，能不買就不買，否則每隔不久就有新產品上市，功能一次比一次新，永遠買不完。

葡萄不殘留農藥清洗5步驟

步驟1

用剪刀剪下每一顆葡萄。

步驟2

加入麵粉或太白粉輕柔搓洗。

步驟3

用手掌輕輕搓動葡萄，再用清水洗淨。

步驟4

讓它在水流中轉動，多換幾次水清洗乾淨。

步驟5

用冷開水沖淨，以免吃到未經煮熟的生水。

香蕉

曾經聽過醫院資深營養師說過一則笑話，她說以前她在某家醫院工作的時候，被指派照顧一位國家級官員的遺孀，除了三餐飲食非常盡心之外，每天的水果也讓她們絞盡腦汁，都是買最好的水果，甚至不惜價格高的進口水果，有一天大家實在想不出花樣了，就有人建議讓她吃香蕉，可是香蕉多便宜啊，這麼大眾化的水果怎麼可以給她吃呢？雖然廚師還是很用心的將香蕉切得漂漂亮亮的擺盤才端進去，但是大家心裡還是很忐忑不安，沒想到後來營養師被叫進去問說這麼好吃的水果為什麼以前都沒給她吃？可見香蕉雖然價錢便宜，但是它的營養和口感一點也不輸給高檔水果。

日本癌症學會的報告中曾經發表過一篇論文，指出香蕉含有增加白血球活性成分的因子，有很好的防癌效果，而且表皮的黑斑越多，免疫活性也越高。香蕉也是果寡糖含量最多的水果，它可以滋養

香蕉去除農藥清洗2步驟

步驟1
香蕉買回家後要先用清水沖洗

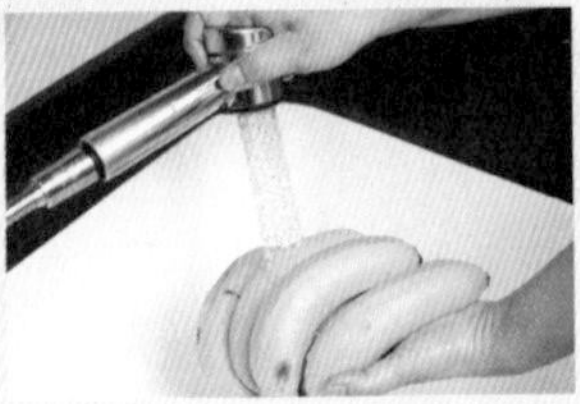

步驟2
再用廚房紙巾輕輕擦乾水分

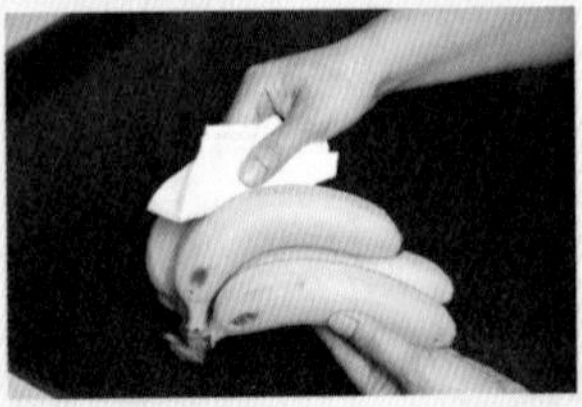

腸道內的益菌，還有豐富的鉀，它是預防高血壓與中風很好的元素，**多吃香蕉可以讓人心情愉悅，因為它含有多巴胺和血清素。**

台灣是香蕉王國，盛產的時候曾經便宜到傷農的地步，知道它有這麼多好處更應該多吃，可惜它不耐久放，所以不能多買，通常我家的香蕉都是算好能在五天之內吃完的分量，萬一忘了吃，而過熟的時候就拿來做香蕉蛋糕，香蕉的另一長處就是除了當水果吃，還可以做點心，香蕉蛋糕、香蕉餅乾、香蕉薄餅，都因為加有香蕉的成分，而讓氣味更濃郁，口感層次更豐富。聽說香蕉的外皮都噴有催熟劑，所以買回來的香蕉最好先將外皮用清水沖洗過，再擦乾，這樣不怕農藥吃下肚，也可以延長它的保存期限呢。

芭樂

小時候，我們小孩最盼望的就是母親回來的時候，在她的菜籃裡可以翻出水果，在那個經濟拮据的年代，三餐要飽足已經是很勉強了，因此可以吃到水果的機會並不多，但是我的母親偶爾會買芭樂給我們吃，因為它很便宜。

以前的芭樂個頭都很小，但是氣味濃郁，就是現在俗稱的土芭樂，後來經過品種改良後的珍珠芭樂，變得又大又甜又脆了，可是

沒什麼香味，不像土芭樂，只要有一顆熟軟的土芭樂在，整個空間就會瀰漫著芭樂自然的香氣。

芭樂的含鉀質比香蕉還高，而鉀可以防止高血壓、預防中風，減少得心臟病的機會，紅心芭樂含有的茄紅素，有抑制乳癌成長的功能。我的牙口不是很好，因此吃芭樂通常都是打成果汁，而且是跟其他水果一起混合，偶爾在菜場買到鄉下農家自種自銷的紅心芭樂時，因為比較軟，有時也會直接吃，據說曬乾的紅心芭樂葉用來泡茶，可以減肥、治糖尿病，但我吃紅心芭樂純然是回味童年的記憶，作為水果還是以珍珠芭樂為主，而且打汁喝比較好吸收，秋冬季節是產季，不過現在好像一年四季都買得到，有時候甚至一顆才十元，真是物美價廉。

檸檬

很多需要用醋來調味的菜，我喜歡用檸檬汁代替，因為無論任何品牌，號稱多麼天然釀造的醋，都不如檸檬汁天然、無防腐劑、還帶有自然的清香味。

夏天是檸檬的盛產季，品種多、質地好、價格也比較便宜。檸檬含有豐富的維他命C，可以防止動脈硬化、降低膽固醇、增加免

疲力，對於皮膚的美白也很有幫助，是女性最受歡迎的水果，吃法通常都是榨汁，然後加入冰開水稀釋後飲用，夏天的時候我常會將檸檬切片後泡在冷開水裡，這樣喝水的時候不但可以吸收檸檬的營養成分，原本平淡無味的冷開水也會因為加了檸檬的關係而變得清香好喝許多，而常喝檸檬水也有助改善酸性體質，幫助酸鹼值平衡，它所含有的黃酮類更是殺菌的高手，豐富的檸檬酸可以增加肝臟的酵素，清除積存於肝臟內的雜質。

台灣一年四季都有不同的水果上市，每種水果都有不同的營養成分和功效，生病的人多吃水果可以幫助腸胃的蠕動，減少便秘，健康的人多吃水果也是有益健康的，我的建議是**只要選擇本地盛產的當令水果，就可以享受最物美價廉的纖維補給**，根本不必花大錢去吃進口水果。

化療前三餐菜單參考

早餐

麥片

可以用豆漿、鮮奶調拌，如果有雞湯、牛肉湯也可以調成鹹口味的麥片也很好吃。

菜肉包子或吐司夾蛋

為了增加飽足感，可以加菜肉包子或兩片吐司夾蛋。

午餐

香菇雞湯麵

此時的咀嚼能力還很好，所以雞湯內的雞肉可以一起食用，麵條要另外煮熟再加入雞湯內，利用煮麵的水燙點青菜，吃起來爽口外，也同時攝取到蔬菜的纖維質。

牛肉片涮涮鍋

用一個小鍋，先放入少許高湯做湯底，再加入新鮮香菇、番茄、豆腐煮開後，牛肉片可以隨燙隨吃，另外加點青菜和烏龍麵、既豐富又飽足。

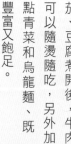

化療前三餐菜單參考

晚餐

蔘鬚雞湯

用土雞腿剁成兩段，汆燙過後，加入蔘鬚、紅棗、香菇，用電鍋蒸熟，搭配白飯或麵條。

香煎牛排

買好一點、油花均勻的霜降牛肉，切成3公分厚片，用平底鍋以少許橄欖油煎至七分熟取出，撒上玫瑰鹽或沾拌有洋蔥末的油醋汁食用，而主食可以搭配吃白飯或麵食。

蔬菜牛肉湯

牛肋條肉或牛腱肉切塊，汆燙過後先煮熟軟，再加入番茄、紅蘿蔔、馬鈴薯、高麗菜一起熬煮，由於食材內容豐富，即使不吃主食也可以靠其中的蔬菜吃到飽。

化療前對症食療

癌症患者經過手術切除病灶之後，「化療」是後續治療與照顧的方式之一，但是化療過程引發的不舒服，常常讓病人聞之色變，甚至抗拒，加上許多繪影繪聲的傳言，更加深癌症病人的恐懼感，但是在醫學上，化療是清除癌症細胞最有效的治療方式，因此對癌症病人而言這是無可避免的治療過程，所以一定要照顧好營養，儲備好體力，才能化解化療帶來的諸多不適，減輕化療的痛苦。

因化療引發的最大不舒服，首先是噁心、嘔吐、缺乏食慾，其次是黏膜組織被破壞，尤其是口腔內部的破皮，造成進食時的刺痛，兩者都會讓病人吃不下和不想吃，但是**「進食」是蓄養體力最直接的方法**，因此如何讓病人「吃得下」很重要，只有吃得下，**才能吸收營養、增強抵抗力**，因為**病人必須靠食物來攝取營養而不是靠藥物來維持體力**。

● 食慾不振

奶湯鱈魚

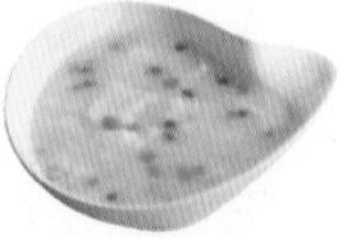

用鱈魚煮湯，我應該算是創舉了，主要是為了口感，生病期間有時候想喝濃湯，但是又不想像西餐那麼油膩，就想做點清爽又有濃稠感的，於是想到用馬鈴薯代替麵粉，加上鮮奶有奶香味但沒有奶油那麼油膩，而且所有材料都非常好入口，即使牙齦腫痛，用喝的也很好消化。

材料

鱈魚1片（約6兩，扁鱈、圓鱈皆可）、熟馬鈴薯2個、紅蘿蔔1小條、青豆仁2大匙

調味料

清水1杯、鮮奶3杯、鹽1/2茶匙、胡椒粉少許

作法

1 鱈魚去皮、去骨、切丁；馬鈴薯削皮，切丁；紅蘿蔔削皮、洗淨、切丁。

2 先將馬鈴薯丁和紅蘿蔔丁放入湯鍋內，加水煮熟軟，然後用杓子將馬鈴薯壓碎，再加入鮮奶一起煮。

3 不要等鮮奶煮滾，就放入鱈魚丁和青豆仁同煮，一熟就要熄火，加鹽調味，食用時，再加少許胡椒粉調味即可。

梁老師樂活分享

這道湯品非常鮮甜好吃，我常常一吃好幾碗，有時候配兩片麵包就可以吃飽一餐，其實也不必每次都要正經八百的準備飯菜，換個吃法，就可以享受不同視覺及味覺的饗宴，也是引導病人有食慾的方法。

● 體力衰弱

蕈汁雞湯

材料

曬乾菇類約四兩、紅棗8顆、土雞腿2支（不吃肉的話用半雞或全雞也可以）。

作法

1 先將曬乾菇類用清水略洗後，放入湯鍋內，加水6杯熬煮30分鐘，然後撈除曬乾菇料，留下蕈汁。

2 將雞腿剁兩段（若是半雞剁大塊），然後放入滾水汆燙過，把皮和油盡量剝除，放入蕈汁內。

3 移入電鍋，外鍋加水2杯，蒸至開關跳起時取出，即可食用。

梁老師樂活分享

曬乾菇類在南北貨行或一般菜場專賣菇類的攤子都可以買到，使用鴻喜菇、杏鮑菇、香菇、美白菇或洋菇都可以。

菇類含有豐富的多醣體，是抗癌非常好的食品，曬乾的香菇比較經得起長時間的熬煮，提煉出來的湯汁效果比新鮮香菇更香醇。如果有時間，可以自己買不同種類的新鮮菇回來曬，像我那時候就常趁著菜場收市前去搜購各種菇，反正是要晒乾熬湯的，只要食材新鮮就好，所以不必挑漂亮的，價格反而便宜很多。

如果覺得每次熬很麻煩，也可以一次熬一大鍋，濃縮後分小包冷凍起來，然後分次使用，這種蕈汁的味道非常清香，對病人來說既可達到滋補的功能，味道又好，是非常值得嘗試的湯品。食用時也可以添加麵條或河粉，這樣即使食慾不振也可以達到飽足感。

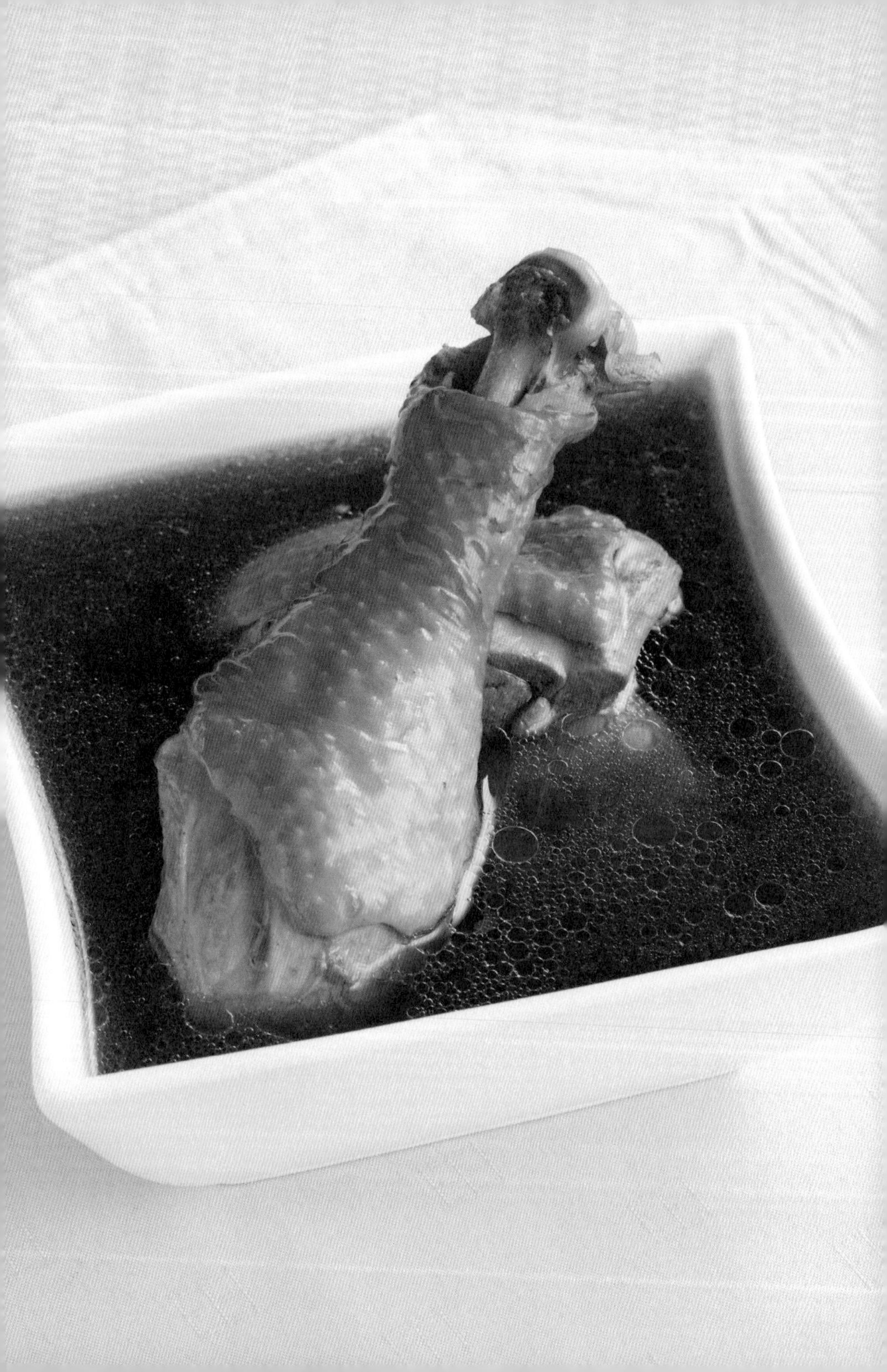

●體力衰弱

南瓜糙米濃湯

南瓜含有β胡蘿蔔素、葉黃素、玉米黃素成分，並且含有分解亞硝氨的酵素，其中β胡蘿蔔素可以轉化為維生素A，能有效抑制及阻止癌細胞。南瓜的變化料理也可參閱我在《癌症療癒樂活美食》示範的南瓜焗烤、紅燒及煮湯等作法。

材料

栗子南瓜300公克、煮熟的糙米飯1/2碗、冷開水800cc、海鹽1小匙

作法

1 栗子南瓜洗淨外皮、切片蒸熟（用電鍋蒸、外鍋加水1杯）。
2 將蒸好的南瓜和糙米飯一同放入果汁機內，並加入水一起打勻。
3 倒入鍋內以中火煮開，然後加鹽調味，即可盛出食用。

梁老師樂活分享

如果用的是大馬力的果汁機，可以連同南瓜籽一起蒸熟後打碎。

南瓜皮有營養成分最好一起食用，這裡用的栗子南瓜是外皮灰藍色的日本品種，質地鬆軟香甜，南瓜皮蒸熟後也很可口，不必削除。

●體力衰弱

小米地瓜粥

材料

小米1/2杯、玉米碎1/2杯、白米1杯、地瓜1條（約400公克）

作法

1 將小米、玉米碎和白米混合後洗淨，加水15杯燒開，然後改小火熬粥。
2 地瓜削除外皮，洗淨，切小塊。
3 待鍋中米粒漲大時，加入地瓜同煮至熟軟，熄火後放至稍涼即可食用。

梁老師樂活分享

這種粥非常營養又容易下嚥，小米、玉米碎、地瓜都屬於鹼性食物，對身體非常好，最重要是有飽足感，如果光是喝些流質食物，病人很容易飢餓，這道食物卻能面面俱到。

● 體力衰弱

清燉牛肉湯

這道牛肉湯的湯汁非常鮮美，牛肉也蒸得夠爛，對化療中的病人，除了藉由牛肉湯補充營養外，咀嚼也不吃力，每次只要添加些米飯或麵條，再加些青菜就是非常營養又好吃的簡餐。如果不想每次花時間蒸，也可以一次多蒸一些，然後分次食用，因為選用的是後腿肉或牛腱肉，口感較不油膩。

材料

選用牛肋條或牛腱肉約一斤、薑絲少許、開水6杯、蔥花適量

調味料

胡椒、海鹽各少許

作法

1. 選用牛肋條或牛腱肉約一斤左右，切大厚片，先汆燙過，然後放入蒸鍋內，淋上米酒、加些薑絲，再加入6杯開水。
2. 移入電鍋，外鍋加水4杯，蒸至開關跳起時取出。將牛肉的原片放回湯內，按下開關加水半杯再蒸煮至開關跳起。
3. 撒些蔥花加少許的胡椒及海鹽調味即成。

梁老師樂活分享

先將牛肉整塊煮熟再切片，這樣的料理方式可以保存肉汁，口感也較嫩，切面較整齊，如果先切片蒸，肉汁會流到湯內，肉質較硬，湯汁味道也沒那麼清爽。

梁老師樂活分享

雞胸肉可請肉販幫忙絞碎，但是豬肝比較難，因為絞碎過程很容易把絞肉機弄髒，如果自己家裡有小型的攪肉機當然最好，否則只好自己剁碎。

通常我剔完筋之後先切小片，再剁就比較方便些，還有一個方法也不錯，就是將豬肝橫面片開，然後用湯匙刮，這樣可以把所有的筋在刮的過程就挑掉，刮出來的豬肝泥就變得很細，別看雞胸肉瘦，表層那層皮還是很粗的，還有中間的筋，如果不挑掉一起絞的話，很可能有硬顆粒，吃起來的口感就差了。

●豬肝泥的處理法

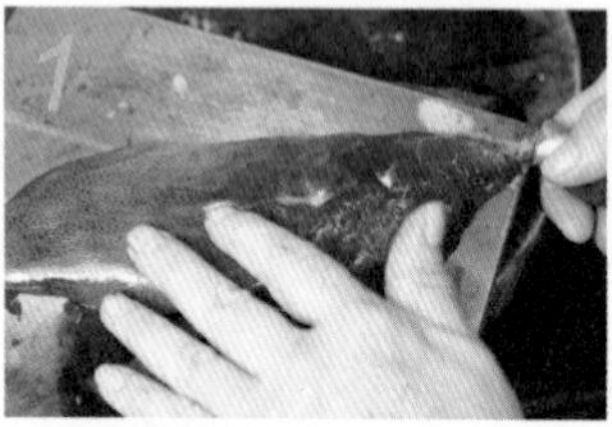

取刀將豬肝橫面片開。

接著用刀片刮除筋絡。

然後將豬肝切成片狀。

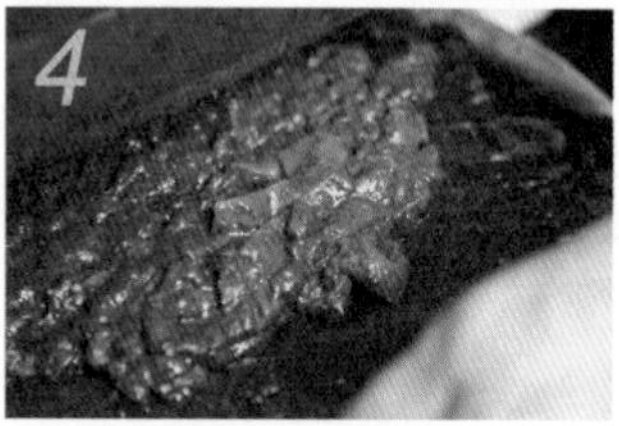

再將豬肝剁碎細泥狀。

● 免疫力差

肝膏羹

豬肝的含鐵量較高，向來是病人倚重的滋補品，但是化療病人對氣味很敏感，稍有腥味就不想吃，豬肝多少都會有點腥羶味，加上化療病人有時會有牙齦紅腫導致咀嚼困難，所以一般的豬肝湯或煎豬肝吃起來都不是那麼好吃，萬一火候掌握不好而變硬就更難吃了，所以不妨試試這道可以兼顧口感與營養的肝膏羹。

材料

豬肝1/2斤、雞胸肉1片、去皮荸薺4粒、蛋一顆

調味料

酒1大匙、高湯1杯、鹽1茶匙

作法

1. 豬肝和雞胸肉分別剔除上面的筋絡，絞碎，放入容器中。
2. 荸薺切碎放入，再加入打散的蛋和所有調味料拌勻。
3. 盛入蒸碗內，包上保鮮膜，用電鍋蒸熟，外鍋放一杯水，蒸至開關跳起即可取出食用。

● 免疫力差

珊瑚蘿蔔捲

材料

紅蘿蔔2條、白蘿蔔1條

調味料

糖5大匙、醋5大匙、鹽1茶匙、冷開水1杯

作法

1 白蘿蔔洗淨，削皮，切薄片，放入淡鹽水中浸泡，再用冷開水沖淨。

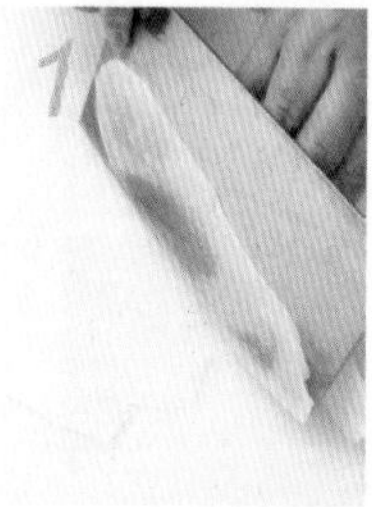

2 紅蘿蔔削皮、切絲後，先用鹽1大匙醃約5分鐘。將所有調味料放入容器中調勻即成糖醋水，再將醃軟的紅蘿蔔絲用冷開水沖掉鹽分，放入糖醋水中浸泡20分鐘。

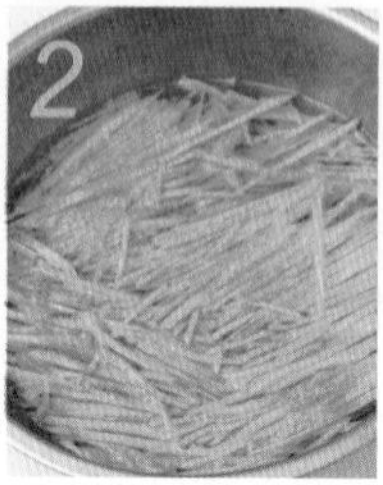

3 用一張捲壽司的竹簾攤開，頭尾交替的鋪上兩片白蘿蔔片，中間放入一排醃泡過的紅蘿蔔絲，捲成長條狀，用刀斜切小段後，排入盤內即可食用。

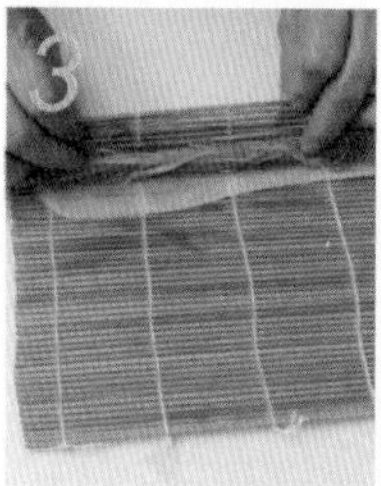

梁老師樂活分享

白蘿蔔要先片得薄，才捲得緊，因此為了防止滑動，最好先切平，然後再片，並且用淡鹽水浸泡過可以變得較柔軟，比較好捲。

● 免疫力差

酸辣豆腐羹

胃口不好的時候，酸和辣都是比較好下嚥的食物，這道湯的辣來自胡椒粉，因此更多了點香氣，還是有助改善感冒的好食物哦！

材料

板豆腐1小塊、鴨血1塊、木耳2片、紅蘿蔔1/3條、肉絲2兩、筍1支

調味料

1 高湯3碗、鹽1/2茶匙、醬油1大匙、玉米粉2大匙
2 醋2大匙、胡椒粉1/2茶匙

作法

1 豆腐和鴨血分別切絲，用開水汆燙過撈出，木耳、紅蘿蔔、筍切絲後放鍋內，加入高湯先煮熟。
2 加入肉絲、豆腐、鴨血同煮，再調味料1煮成勾芡濃湯。
3 熄火後才加入調味料2，調勻即可盛出食用。

梁老師樂活分享

這道湯還有幫助消化的作用。因為我很喜歡吃一些麵餅，例如蔥油餅、餡餅之類的食物，但是常常吃完感覺胃很脹，喝茶怕睡不著的時候我就喝酸辣湯，反正化療期間的胃口很奇怪，突然想吃某種東西，一旦吃了又吃不多，甚至會反胃，而我一向是想吃就吃，吃完不舒服不管是嘔吐還是反胃再想辦法解決，總之不能讓自己餓，那根本沒力氣撐下去，也不考慮營養問題，吃不下什麼營養也沒用，我就是靠著這樣的理念一步一步捱過化療期那段日子。

食慾不振

脆花瓜

材料簡單、作法容易、時間或金錢都花費不多，接受度最高也最受歡迎，冰箱裡只要放一瓶，任何時候取之都方便，是美味又健康的開胃小菜。

材料

小黃瓜6條

調味料

醬油1杯、白醋1/2杯、糖2/3杯

作法

1 小黃瓜洗淨，切除頭尾端，再切成每片約0.5公分圓型厚片。

2 將所有調味料放在湯鍋內燒開，熄火，放涼。

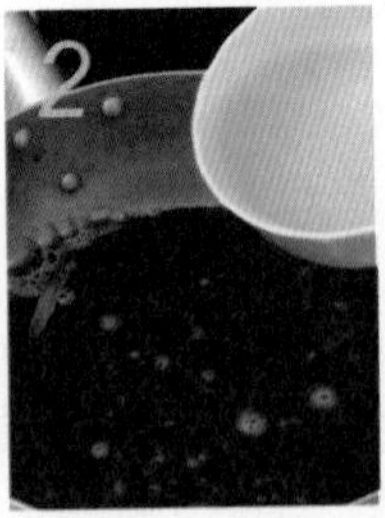

3 再放入小黃瓜拌煮1分鐘後熄火，放涼，裝入乾淨的玻璃罐內，封好放冰箱冷藏，醃漬一天後，即可食用。

●醃漬菜

醃漬菜是開胃的好幫手，醃漬也是讓蔬菜熟成的一種方式，蔬菜經過鹽醃漬，不但去除蔬菜生澀的氣味，口感上也因為軟化而變得容易入口，坊間的醃漬菜由於製作的量大、放置的時間長又為了美化賣相，難免使用色素、防腐劑等添加物，對癌症病人來說，不但要吃得健康更要吃得安全，因此所有醃漬菜最好都是自己製作，以下提供的非常簡單容易的項目，即使病人自己下廚，也不會增加體力上的負擔，這種未經加熱的蔬菜一定要非常衛生安全，才能達到讓病人開胃卻不影響病人抵抗力的功效。

● 食慾不振

糖蒜

蒜可以抑制癌細胞的生長和轉移，但由於特有的氣味和辛辣味，一般只能當作提味起香的配料，食量有限，其實大蒜也是具有殺菌功能的蔬菜之一，經由醃漬後，不但減輕了辛辣的口感，氣味也不那麼強烈，食用起來自然方便而且討好，無論佐粥、下飯，都是很好的開胃小菜。

材料

蒜頭1斤

調味料

醬油4碗、糖1碗、白醋1碗、水1/2碗

作法

1. 蒜頭剝除外層粗皮後，用溫水浸泡八小時，中途換水二次（用以去除蒜頭的辛辣味，然後放入開水中快速汆燙過，撈出、放涼，達到殺菌的功能）。
2. 將全部的調味料放入湯鍋中，以中火一邊煮一邊攪拌，至糖完全溶解，放涼。
3. 取乾淨的玻璃瓶或陶罐當容器，先放蒜頭，再倒入放涼的調味料蓋過，醃漬一個月待其入味，即可夾出食用。

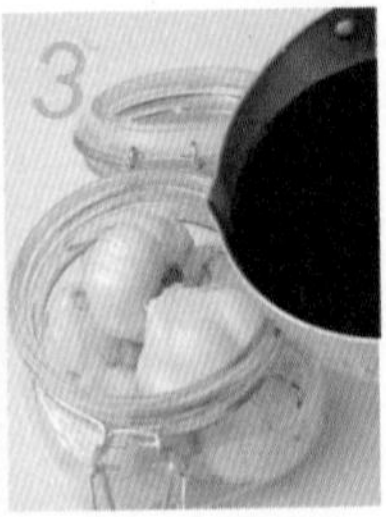

材料

青辣椒1斤

調味料

醬油1杯、糖1/4杯、白醋1/4杯

作法

1 將所有調味料放在湯鍋內燒開，熄火，放涼。
2 青辣椒洗淨、晾乾水分，切除蒂頭。
3 接著放入熱油中炸至外皮發白時撈出。
4 浸泡冷水，剝除辣椒的外皮。
5 然後用剪刀剪開。
6 再用刀片去籽。
7 取一個乾淨的玻璃罐，將辣椒直立式排入，然後倒入放涼的調味料，蓋緊瓶蓋，醃漬3天即可夾出食用。

●食慾不振

剝皮辣椒

原本辛辣只能當作配色或提味的辣椒，經過去皮處理後，鹹中帶甜，只剩微微的辣，無論當小菜吃或用來煮雞湯、煮魚湯都非常開胃。

● 食慾不振

漬薑

食慾不振、精神不濟、噁心、嘔吐、掉髮，是化療病人共同的反應，這時的胃口都非常差，吃什麼都沒味道，但是為了維持體力又非吃不可，因此味覺的感受非常重要，一定要讓病人願意吃而且吃得下。味道酸甜、口感清脆，尤其天氣熱的時候吃起來格外爽口。可以直接食用，也可以切絲做變化料理，是一道簡易製作又美味的開胃小菜。

材料

嫩薑1斤、黃砂糖1碗、白醋1碗、水1碗、鹽1茶匙

作法

1 先將嫩薑洗淨、放入盆子裡，加入鹽2大匙，用清水蓋過，浸泡2天。

2 將黃砂糖、白醋、水混合煮沸，放涼，即成糖醋水。

3 準備乾淨的玻璃罐，先放入撈出的嫩薑，再注入放涼的糖醋水，蓋好後放至陰涼處或冰箱冷藏室，醃漬10天左右即可取出食用。

梁老師樂活分享

夏天是嫩薑盛產的季節，選擇色澤白晰，體型瘦長或是肥短的嫩薑回來做醃漬，效果及口感都非常好，做好的漬薑用瓶子裝起來，存放在冰箱冷藏，隨時可以取用，除了佐粥，也可以用來炒肉絲變化口感，是非常開胃的小菜。

● 食慾不振

泡菜牛肉捲

牛肉是乳癌病人非常重要的血紅素來源，但是化療中的食慾很差，我那時為了要讓自己吃得下，想盡辦法用不同的配料讓自己開胃，其中韓國泡菜就是我最常用的食材之一。

材料

火鍋牛肉片1盒、韓國泡菜1小碗

調味料

酒1大匙、薄鹽醬油1大匙、太白粉1茶匙

作法

1 將全部的調味料放入容器中攪拌均勻。
2 放入火鍋牛肉片拌勻，醃漬約10分鐘。
3 將韓國泡菜放在乾淨的砧板上切碎。
4 取平底鍋以少量油依序煎熟火鍋牛肉片。
5 放入切碎的韓國泡菜，捲起。
6 然後擺入盤子中，即可食用。

●食慾不振

雞湯雲吞

比起豬肉、牛肉這些大眾化、食用率高的肉，雞肉是油脂少、味道鮮、烹調法最簡單也最多變的肉，含優質的菸鹼酸以及維生素B群，和微量的硒元素，有助於修補DNA。

雞湯就是補湯，這是國人既有的印象，的確，想到進補一定是喝雞湯，沒有喝豬肉湯或牛肉湯的，坊間除了用各種藥材來增加雞湯的功效外，還會用它來煉「雞精」，雖然市面可以買到包裝精美，打開就可以喝的雞精，但是更多的人還是覺得自己煉的味道較精純。

我剛開完刀的時候，鄰居都很熱心的送來他們自己煉的雞精讓我進補，想到煉一次要花五個小時的瓦斯，又得專人看顧，這樣的盛情讓我很感動，體力稍好後，我就自己做，其實作法很簡單，就是要花點時間，但喝到成品的美味只有「感動」二字可以形容。

材料

土雞半隻（或土雞腿2支）、蛤蜊4兩、杏鮑菇1根、紅棗6粒、薑2片、雲吞（餛飩）10顆

調味料

開水4杯、米酒1大匙、鹽少許

作法

1 將雞肉剁塊（可請雞肉販先協助剁開），先用開水汆燙過沖淨；杏鮑菇洗淨、切厚片。
2 將雞肉、杏鮑菇、紅棗、薑片、開水4杯、米酒放入蒸鍋內中，移入電鍋（外鍋加水2杯），中途再放入處理過的蛤蜊，蒸煮至開關跳起，食用時再加少許鹽調味。
3 另外燒一鍋水煮沸，放入雲吞煮至熟撈入湯碗中，再酌量加入雞湯即可食用。

梁老師樂活分享

這道雞湯雲吞，湯清、肉嫩、味鮮，任何一餐吃它都很爽口，我在化療期間吃麵食比吃飯多，主要是麵比飯軟，好嚼不吃力，尤其當牙齦腫痛不舒服的時候，吃麵比較好消化，如果當天有點反胃，我會另外準備些酸的或辣的小菜來刺激味蕾，總之就是要讓自己吃得下，才有體力奮戰下去。

化療期三餐菜單參考

早餐

鹹粥

用現成的雞湯或牛肉湯煮粥，如果有剩飯也可以代替米粒，洗淨後，放小鍋內加高湯先煮成粥，可以加肉片、絞肉、魩仔魚或魚片，並且刨些紅蘿蔔絲同煮，起鍋前加些切碎的菠菜，一煮滾就可加鹽調味後，熄火盛出食用。

鹹麥片

用一個單把的小鍋，放入4湯匙的燕麥片後，加入高湯或清水2杯煮開，改小火，雞蛋打散，慢慢淋入麥片中，邊煮邊攪拌至熟，加少許鹽調味，即可熄火盛出食用。

梁老師樂活分享

鹹味的麥片對化療中的病人比甜麥片或淡而無味的麥片容易入口，如果早餐的胃口較差時，吃這道麥片因為增加了雞蛋的營養，比較好吸收，也可以搭配蔥油餅或韭菜盒來增加飽足感，但是蔥油餅或韭菜盒都最好乾烙而不是油煎，避免油膩影響胃口。

午餐

酸辣牛肉河粉

河粉切條狀，用開水燙軟後放入大碗中，另外用單把小鍋燒開水，放入火鍋牛肉片煮熟，加入洋蔥絲少許，馬上熄火，再加鹽、檸檬汁調味，最後加一點切碎的韓國泡菜，即可盛出食用。

酸菜碎肉麵

客家酸菜洗淨、切碎，先乾鍋煸炒，去除水分後盛出，鍋內放2大匙油，炒散絞肉，放入蒜末和辣椒炒香，將客家酸菜回鍋同炒，加少許醬油和海鹽調味後盛出。另外將麵條煮熟，放入大碗中，加入高湯後，鋪上少許酸菜肉末即可食用。

梁老師樂活分享

化療中的病人胃口都不好，經常的嘔吐和反胃，食慾變得非常差，一些比較酸辣的食物有助開胃，這兩道食物中的酸辣河粉，可以去越南館子買現成的，酸菜碎肉麵一次可以多炒些分次吃，除了客家酸菜也可以換雪裡蕻，用來下飯也不錯。

晚餐

磨菇醬牛排

選擇菲力或肋眼牛排一片，用少許橄欖油以平底鍋兩面煎至七分熟時先盛出，另外用兩湯匙油炒切碎的洋蔥和磨菇，加入黑胡椒、鹽調味，放少許番茄醬、辣醬油、糖、酒炒勻，沒有高湯的話就放點水，並將牛排放入略煮片刻，即可盛出食用。

紅酒燉牛肉

選用牛腱用或牛肉肋條，切小塊後汆燙過，沖淨泡沫瀝乾，另外用油2大匙炒香洋蔥絲，再放入牛肉拌炒，加入一杯紅酒燉煮至熟爛，加少許醬油、糖、胡椒粉調味，湯汁稍收乾即可盛出。

梁老師樂活分享

牛肉豐富的營養可以幫助病人增加血紅素，因此我在化療期間吃了很多的牛排，無論外食或自己做，牛排都要煎熟，雖然牛排最好吃的熟度是五六分熟，但對病人來說是不好的，為了顧及口感，除了要買好的牛肉外，火候的掌握也很重要，例如煎牛排時可以利用與調味料混合時略為加熱，讓牛排達到全熟而不會太硬。如果像「紅酒牛肉」就不用擔心牛肉不熟的問題，燉的時間夠的話，咀嚼便不困難。

晚餐

檸檬蒸魚

鱸魚、石斑或鱈魚，洗淨擦乾水分放盤內，另外用個碗放入檸檬汁、醬油、糖、胡椒粉、辣椒、蒜末、調勻，澆在魚身上，蒸10分鐘，取出再淋一點新鮮檸檬汁即可食用。

檸檬汁經過蒸，酸味會降低，蒸好再加一點新鮮的可以讓香氣和口感都比較好吃。

化療後 均衡營養的食療

對乳癌病人來說，完成化療之後，只要渡過第一週不舒服的反應，就可以慢慢恢復正常，飲食也可以跟一般人一樣食用各種想吃的食物，生活逐漸回到常軌，也是開始養生的時候，遠離了病痛，接下來要做的是修補身體的缺損，維護永續的健康，無論是用中醫調養、飲食補給、還是運動輔佐，都要有恆心的為健康努力。

習慣少肉多蔬果的飲食

選擇以植物性為主的食物，少吃紅肉多吃白肉，每天食用的肉類不超過巴掌大，每餐不混合肉類食用，只吃單一種類，而吃海鮮也是只吃單一種不再混合食用任何的肉類。每餐不能只食用一道大塊肉的食物，例如排骨、雞排、焢肉、牛排，儘量挑選蔬菜搭配瘦肉、豆製品或蒟蒻，可以減少脂肪攝取，提供飽足感。

▲蔬果含有各種人體所需的營養素能給細胞好能量。

少吃精緻類的食物，不食用任何加工食品

食物本身只要新鮮，便不需要複雜的烹調手續和太多的調味料，「原味」是辨識食物新鮮與否最好的方法，因此選擇當季、當令、當地的食材，才是最健康的吃法，超乎正常的白、色澤過於漂亮或是質地、口感特別的脆、嫩、甜，必然都是經過加工的效果，要**避免食用**，**一些醃漬的肉品，例如香腸、臘肉、熱狗、燻雞、燻鴨等加工品**，即便是健康的人也要少吃，癌症病人更是大忌，雖然為了開胃，可能會吃一些酸的、鹹的醃漬小菜，但一定是要自己做的，才能保有安全衛生的品質，而且不能吃多，也不要做太多、吃太長的時間。

每日攝取一杯彩虹健康蔬果汁

水果都有天然的色澤，不但有各自的口感，也有不同的營養，我們無法一次吃進很多的水果，但如果將它打成果汁便很容易吸收，一杯集合多種水果的果汁，可以同時攝取到各種不同的營養，對病人來說是最方便的補給。

台灣是水果王國，一年四季都可以買到各種當令的水果，因此只要**隨著季節**

▲加工食物是經精製程序做成產品，不但已破壞食物原有的風味及營養，還添加化學劑延長保存期限。

選購，便可以買到不同顏色不同口感也有不同營養的各式水果，例如番茄、火龍果、草莓、蔓越莓、紅葡萄柚、橘子（紅色）、柳橙、木瓜、芒果（橙色）、蘋果、香蕉、哈密瓜、楊桃（黃色）、芭樂、奇異果、哈密瓜（綠色）葡萄、桑椹、櫻桃、藍莓（紫色），將不同顏色的水果各選取一些打成彩虹組合的綜合果汁，無論風味或營養，對病人都是加分的。

如果要添加葉片蔬菜或芽菜，我建議最好選擇可靠的有機店採購，清潔工作更要小心，才能吃得安全又健康。

不同的顏色不同口感的水果列舉

① 紅色水果

番茄、火龍果、蔓越莓

② 橙色水果

橘子、柳橙、木瓜、芒果

③ 黃色水果

蘋果、香蕉、楊桃

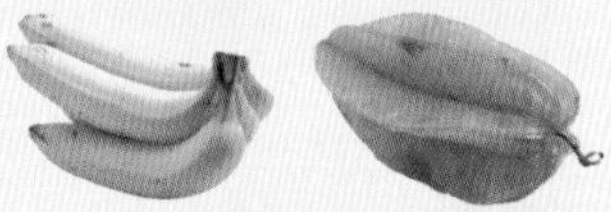

③ 綠色水果

芭樂、奇異果、哈密瓜

③ 紫色水果

葡萄、桑椹、櫻桃

每日攝取適量的油脂，避免食用動物性脂肪

堅果含有單元不飽和脂肪酸，可以每日適量食用，能提升血液中好的膽固醇，水果中的酪梨亦含有油脂成分，應適量攝取，而培根、動物性脂肪都是不良的油脂，更是造成心血管疾病的元凶，應避免攝取。

建議在烹調前最好先剪除肉類的脂肪，如肥油或皮，而含有肉類湯品烹調完成後，可以先冷卻待表面油質凝固後再撈除，可避免油脂攝取。每餐料理烹調時，減少用油量，避免攝取過多的油脂。

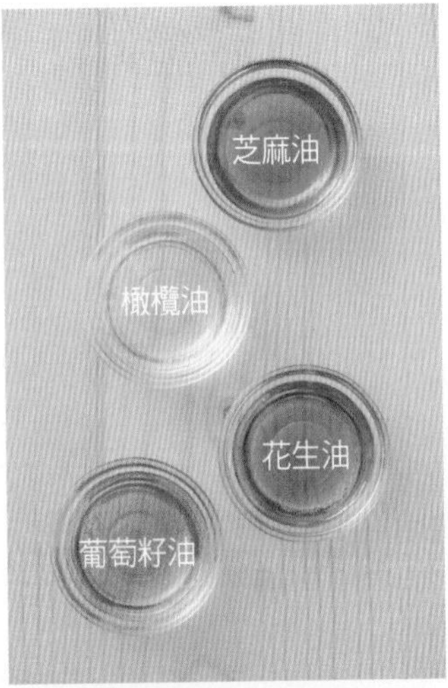

▲每種油質的耐燃點皆不相同，可依照烹調法選擇合適的油質做料理。

多吃粗食，消化順暢

人的味覺會隨著生活能力的提高而改變，我記得小時候家裡吃的都是父親配給的在來米，口感粗糙而沒有黏性，只是因為肚子餓不能不吃它而已，後來吃到蓬萊米之後，就更無法接受在來米的口感了，在往後的日子更是從沒想過要捨鬆軟香黏的蓬萊米去吃

其他米，可是近年推動的粗食飲食法又提醒了普羅大眾重視粗食對健康的助益，例如：糙米含有的谷維素，是一種強力的抗氧化物，可以降低膽固醇，木酚素可以預防乳癌和其它荷爾蒙相關的癌症。

前幾年還有地方農會推廣發芽米，也是利用糙米發芽後產生出六磷酸肌醇，不但是白米的四倍，還有抗氧化、提高人體免疫力、抑制癌細胞的作用。這麼一來再也不能因為口感而拒絕粗食了。

當然要一下完全改變過來也許不容易，不妨從少量添加做起，例如先加四分之一、三分之一、到二分之一這樣的慢慢增加，有時候我也會在飯裡放些地瓜或南瓜一起蒸煮，其實沒有那麼難適應，為了健康著想，養成吃粗食的飲食習慣是非常重要的！

▲粗食的口感雖然沒有精緻食物美味，但卻保留食物完整的營養素，對人體的健康較有助益。

營養均衡不偏食——慎選食材健康吃

當季、當令、當地是首道

生過一場大病之後，飲食當然也要調整，除了要定食、定量之外，營養均衡是必須遵守的規則。乳癌病人沒有特殊的飲食禁忌，可以說是跟正常人一樣，尤其完成化療之後，無論是飲食或生活都可以恢復正常，當然這個時候也是調整飲食，讓自己吃得健康、讓營養均衡的時機。

慎選食材：便宜未必完全不好，貴也未必是品質保證，採買食材要以新鮮為主要考量而不是價格。

當季、當令、當地是採購首選原則：台灣一年四季都有屬於當季盛產的農漁產，在氣候、溫度的配合下，當季的食材才有最好的品質與口感，而違反天然生長條件，靠著人工栽培的食物，即使培育成功，還是不如天然生長的

好吃美味。

當令指的是盛產，除了品質好，產量也大，價格相對便宜，也有更多的選擇。當地則是盡量選擇本地產品，進口的食材受到長途運送的成本影響，價格貴不說，品質當然也不如本地的新鮮、便宜。萬一還有防腐劑、保鮮劑的問題，都值得考慮是否有花高價，捨本地而買進口品的必要，例如：下列食材就是物美價廉的本地優質農產品。

地瓜葉

地瓜葉的繁殖力很強，只要有土，用插枝的方式就能種植，匍地蔓延、生長迅速，因此價格便宜。小時候我們眷村的人都稱地瓜葉為豬菜，因為當地的農戶都將它切碎後，熬煮成豬飼料，用來餵豬，其實它是最營養的蔬菜，因為地瓜葉含有十五種抗氧化物，是預防癌症非常好的綠色蔬菜。

地瓜

地瓜是地瓜葉的地下根莖，以前都當成零食，尤其是在冬天寒冷的季節能吃到一顆熱騰騰、香噴噴的烤地瓜，是令人非常愉悅的事。因為我是軍人子女，家裡配給有米，但在童年的那段時光，有很多本省家庭都吃地

地瓜品種辨識圖

黃心	口感乾鬆
紅心	含水分高

瓜籤的年代裡，地瓜反而是非常稀罕的食物，以前是買不起白米的窮人才吃地瓜籤為主食，後來反而是為了養生而吃地瓜。

因為地瓜含有豐富的鉀，它可以強化心臟功能，增強體力，也含有高纖維質和β胡蘿蔔素，是最好的抗氧化食物，可以保護身體細胞、抗癌。地瓜有「黃心」和「紅心」兩個品種，黃心地瓜口感比較乾鬆，而紅心地瓜含水分高些，並且含有茄紅素成分，有助於對抗心血管疾病及預防乳癌。

番茄

豐富的茄紅素具有強大的抗氧化效力，也是防治乳癌和子宮頸癌非常好的食材，可以說對女性健康的助益很大；此外含有的葉黃素，還可以預防老人黃斑部病變，是保護眼睛很好的食物。

番茄品種辨識圖

黑柿仔　口感微酸，香氣比牛番茄濃

牛番茄　質地堅硬，兼顧口感與色澤的完美

聖女番茄　顆粒小巧，適合當水果食用

記得以前在市面上只買得到「黑柿仔」品種的番茄，這種番茄即使外表看起來還帶著青綠，切開果肉卻早就紅了，口感帶點微酸，但如果整顆紅透時，又過於熟軟風味盡失了，後來市面出現整顆紅透，但是質地還保持堅硬的牛番茄，便兼顧了口感與色澤的完美，其實「黑柿仔」的香氣比牛番茄濃；此外還有顆粒小巧的聖女番茄，也是很討喜的小番茄，可以當水果吃，或是做成小菜都可以創造出很好的風味。但是要提醒的是，未成熟的綠番茄千萬不要吃，那是對健康無益反而有害的食物。

高麗菜

含有豐富的吲哚素（indole）能改變雌激素的代謝，達到預防乳癌的成效，而且高麗菜也是具有強力抗氧化物的蔬菜，成分中的蘿蔔硫素有解毒功能，防止毒素對DNA的傷害，更是維生素C的來源，此外，蘊含的胡蘿蔔素、葉黃素和玉米黃素，則是保護眼睛非常好的成分。

南瓜

含豐富β胡蘿蔔素、葉黃素和玉米黃素，具有分解亞硝氨的酵素，而β胡蘿蔔素可以轉化為維生素A，達到抑制及阻止癌細胞增長，幫助身體組織恢復正常的功能。

我對澱粉質食物向來頗有好感，小時候住在眷村生活，經常會有鄰居利用院子或屋角的一小塊空地種植南瓜，瓜藤蔓延向空曠的空間，長出一大片面積

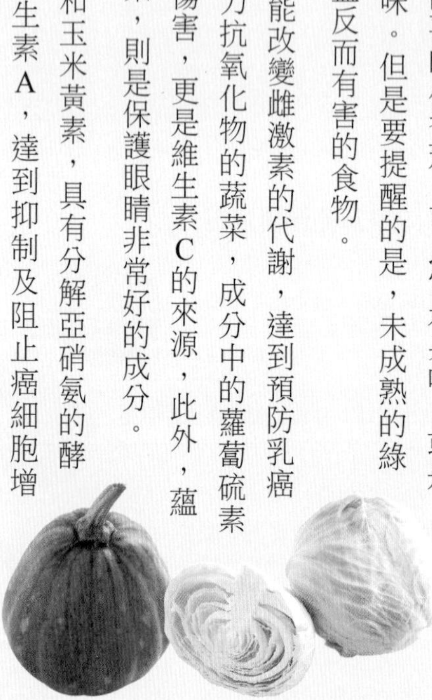

的瓜葉，常常撥開葉子就會發現底下臥著一顆碩大的南瓜，等到收成時，左右鄰居就會互相分享一小塊南瓜加菜（因為以前的南瓜都很大顆，切開後必須立即分給很多人幫忙吃完），等到另一家的南瓜也收成時，同樣又是大家一起分享，因此南瓜留給我很好的兒時回憶以及濃厚的人情味，我們將南瓜清炒、煮湯、和麵（做成南瓜麵疙瘩），或是刨絲後調入麵糊做成攤餅，每種口味都是令人懷念的美食。

後來南瓜經過改良，現在的外型小多了，而且還繁殖出很多袖珍型的品種，讓小家庭即使買了一顆也不會造成吃不完的困擾。近年來在台灣還有來自日本品種種植成功的栗子南瓜，不但瓜肉口感香鬆甘甜，價格也不貴，對於喜歡吃南瓜的人來說，更有口福了。

這兩道麵食都是作法簡單、營養豐富、又有飽足感的廉價美食，一道帶湯，一道是烙餅，除了病人自己食用，也可以跟家人一同分享。但是，不管做哪一道都最好一頓吃完，因為麵疙瘩回鍋的口感會變得軟爛，攤餅則變硬都不好吃，如果只是病人一個人吃，麵疙瘩的麵糰可以吃多少撕多少，剩下的用塑膠袋包起來放冰箱，下次吃的時候再煮；攤餅也是，調好的麵糊如果沒用完，也可以用保潔膜封好、放冰箱下次再煎，並不會影響風味。

▲將南瓜清炒、煮湯、和麵（做成南瓜麵疙瘩），每種口味都是令人懷念的美食。

南瓜麵疙瘩

材料

南瓜1片（約300公克）、中筋麵粉2杯、高湯3碗、鹽1/2大匙

作法

1 先將南瓜去皮後切片，用電鍋蒸熟取出，趁熱輾碎，放大碗內。

2 加入中筋麵粉和少許鹽，揉成麵糰。

3 高湯放鍋內，燒開後改小火，再將麵糰搓長條，用手拉成薄片後，撕下，放入高湯內煮至熟，加入少許鹽調味，即可盛出食用。（可以加點蔬菜或肉片同煮增加風味）。

梁老師樂活分享

麵疙瘩的作法有兩種：一種是調成麵糊後用湯匙舀到湯裡煮，另一種是揉成麵糰，然後用手撕成薄片煮，麵糊的口感較軟爛，麵片的口感較有彈性，各有不同的風味。

南瓜攤餅

材料

南瓜1小片（約300公克）、中筋麵粉1又1/2杯、冷水1杯、蔥花2大匙、鹽1茶匙

作法

1 將南瓜削皮、洗淨、刨絲後放大碗內，加入中筋麵粉、鹽和水調成糊狀，最後加入蔥花拌勻。

2 平底鍋燒熱，加少許油，倒入少許麵糊（呈一片片圓餅狀），煎至兩面金黃，即可盛出食用。

梁老師樂活分享

攤餅是很簡單的麵食，但如果一次做太多，隔餐便不好吃，所以建議吃多少攤多少，若是麵糊調太多可以冰起來，吃的時候再攤，口感比較好。

花椰菜

含豐富維生素C和蘿蔔硫素，其中蘿蔔硫素是最好的抗氧化成分，也是抗癌食品，並且可以幫助促進新陳代謝。花椰菜有綠色和白色兩個品種，都是營養豐富的十字花科蔬菜，無論用來煮湯、清炒或是燙熟後做沙拉（**可參閱《癌症療癒樂活美食》第二〇四頁**），口感都是非常美味。

唯一覺得不便的是花椰菜常常有小蟲夾雜在花朵中，因此要非常注意清洗。我通常會先用清水沖洗後，切下小朵，然後用鹽水浸泡，再用流動水沖洗，務必要把花朵上的小蟲、灰塵完全清洗乾淨，才安心食用。

花椰菜避免菜蟲殘留清洗法

步驟1
用清水沖洗

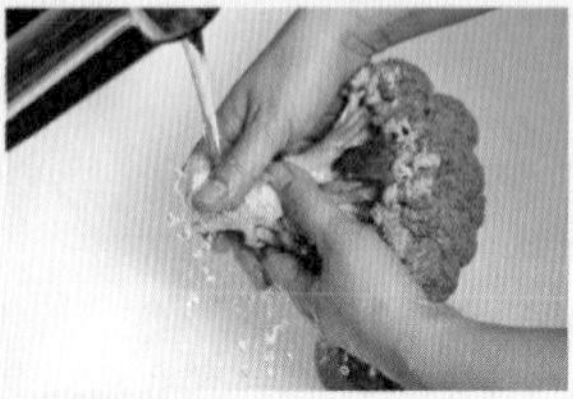

步驟2
切下小朵

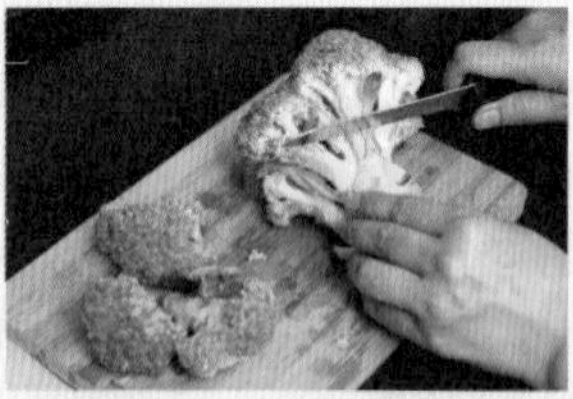

步驟3
用鹽水浸泡

步驟4
再用流動水沖洗

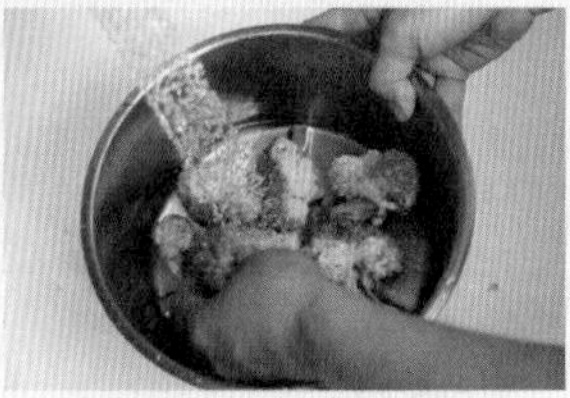

花椰菜是比較需要久煮才能熟軟的蔬菜，但是花椰菜煮久了卻常常發黃，使得外觀不討喜，也間接影響食慾，我就很不喜歡吃已經變黃的花椰菜，因此如果是一般素炒，大都經過汆燙的程序，先燙熟再沖涼，然後再炒就能保持色澤的翠綠了，但是汆燙容易使營養流失，有一個兩全其美的方式處理：是先將花椰菜洗淨、切小朵、裝入塑膠袋、放入冷凍庫冷凍、用的時候再取出退冰，即可省略汆燙的程序，又保有翠綠的色澤，即便需要再加熱，也可以縮短烹煮的時間，對喜歡吃青花菜的人來說非常方便。

花椰菜不變色保鮮法

步驟1
花椰菜洗淨

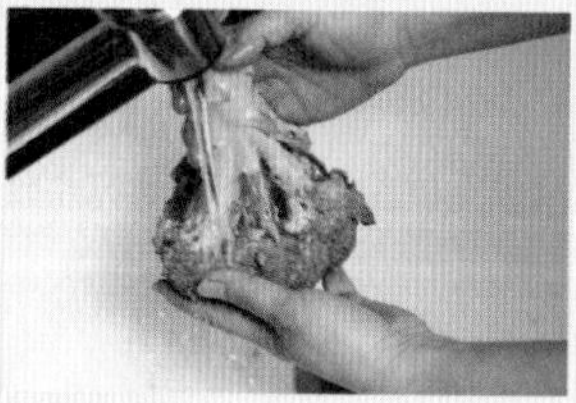

步驟2
切小朵

步驟3
裝入塑膠袋

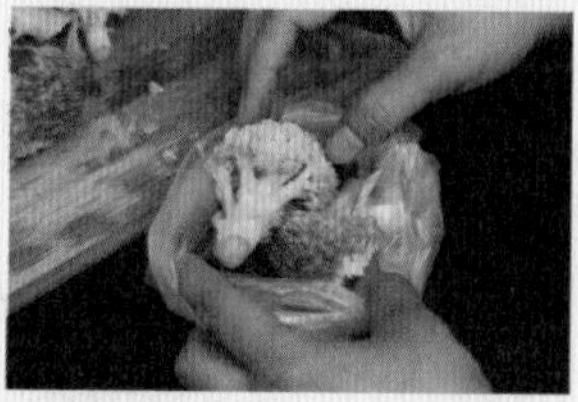

步驟4
放入冷凍庫冷凍

我一再堅持新鮮的條件就是當季、當下與當地。**當季就是吃產季的食物**，無論蔬菜或水果，當季盛產時不但品質好，價格也便宜，當下就是想吃才做，做了要馬上吃，不要煮一大鍋吃很久，因為每加熱一次都會影響風味與減低營養，對病人不是有利的方式，**當地則是新鮮最大的要素**，任何食物來自當地所產，無論運送過程或保鮮期限絕對比進口品來得好，產地太遠，再好的保鮮技術都有瑕疵。如果能吃新鮮品，為何要買千里迢迢運來的冷凍品呢？畢竟越新鮮保有的營養才越高，冷凍品經過退冰解凍，不但營養流失風味相對也會遜色。

軟性蔬菜：所有葉片軟嫩、短時間加熱即可熟成的蔬菜，統稱為「軟性蔬菜」，例如：菠菜、莧菜、A菜、空心菜、青江菜等。很多人都把燙青菜作為最清爽的食用方式，其實不然，首先青菜放入大量滾水汆燙的同時，營養都流失在水裡了，而很少人會喝燙青菜的水吧？其次為了美化燙青菜的口感，通常會澆上紅蔥油或麻油，並且很多時候是淋醬油膏作為燙青菜的調味料，而這些調味料完全不符合少油、少鹽的需求，甚至它的熱量是很高的。

硬性蔬菜：質地比較堅硬、加熱時間需要較長的蔬菜，都屬於硬性蔬菜，例如：花椰菜、蘆筍、高麗菜、部分菇類等。這些蔬菜由於烹調需要的時間比較久，通常除了加入在其他肉類中一起燒或煮湯外，如果要單獨吃，就需要使用汆燙了。（在水裡加入

硬性蔬菜健康吃

步驟1

先把半鍋水燒開，水裡放一點海鹽。

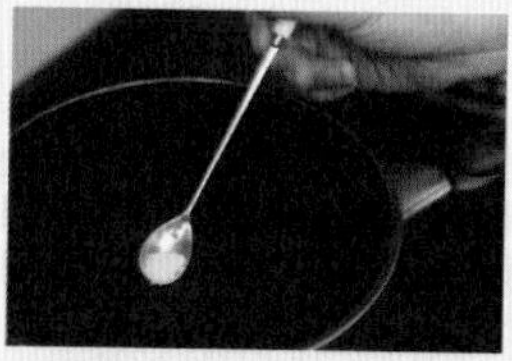

步驟2

然後放入洗淨、切小朵或小段的硬性蔬菜燙熟。

步驟3

然後撈出，馬上瀝乾水分，用冷開水沖涼。

步驟4

再淋上醬料拌勻，盛入容器即可食用。

軟性蔬菜健康吃

步驟1

鍋內先放一碗水，並加入少許鹽調味。

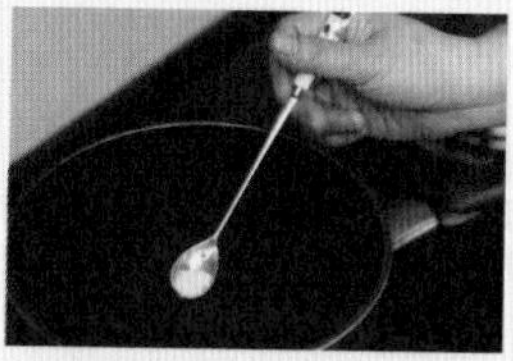

步驟2

然後放入洗乾淨並切小段的青菜，蓋上鍋蓋、開大火。

步驟3

利用加熱後的水蒸氣讓蔬菜熟軟，用筷子拌勻，大約1～2分鐘左右，即可瀝乾湯汁盛出。

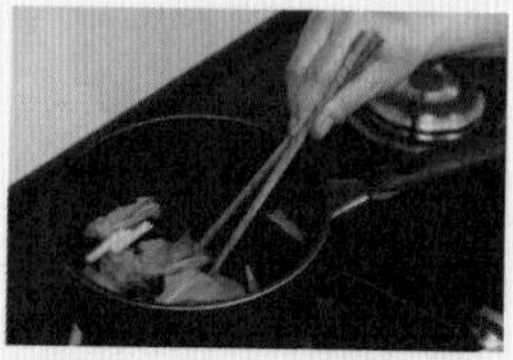

步驟4

需要油質的話可以拌一點冷壓初榨橄欖油，不夠鹹就用海鹽，會比用醬油膏好。

海鹽可以保持蔬菜翠綠，撈出蔬菜沖冷水是為了降低溫度，用冷開水會更安全衛生，無論是不是病人，這些飲食安全的細節都要注意，吃蔬菜才有營養可言。）

五穀雜糧

如何在日常中增加五穀雜糧的攝取，例如早餐可以選擇全麥麵包、雜糧饅頭取代白吐司、白饅頭、調味類麵包，搭配五穀豆漿、燕麥奶或是用高湯煮燕麥片搭配蔬菜，而中午或晚上的主食，**可將白米飯或白麵條類食物，改用糙米飯、五穀飯、小米粥、紫米飯、蕎麥飯、燕麥飯或十穀飯取代**，而點心可以選擇全麥餅乾、糙米捲、紅豆湯、綠豆湯等，攝取高纖維食物有助於腸道毒素的排出，減少致癌物的產生，並且能抑制血糖上升，減緩進食速度及進食量，有效預防體重的控制。

乳製品——健胃整腸，助消化

乳製品含有優質蛋白質和維生素，以及鈣、鐵等營養成分，像養樂多、優格、優酪乳這些乳製品，我平常會用它們來調整腸道、助消化，價格也不貴，通常冰箱內隨時都準備一些，養樂多就當口渴時的飲料，優格則用來做沙拉醬（《作法可參閱《癌症樂活療癒美食》第二〇五頁），打果汁時則加入一些優酪乳，這樣子口感和營養都可以兼顧到。

菇類與海藻——促進代謝，血管清道夫

菇類是高蛋白、低脂肪，富含天然維生素的健康好食物，經由人工栽培的各種菇類，坊間可買到的越來越多，品質也越來越好，例如金針菇、杏鮑菇、新鮮香菇等等，都是做菜時最常用到的菇類，它們豐富的多醣體及植物蛋白質，是對抗癌細胞、提升免疫力非常有助益的食材，也是很好的抗氧化食品。這些利用菌種培植的菇類，沒有農藥問題，也不受環境汙染，本身就具有蔬菜的鮮甜風味，經過曬乾保存，還可產生天然的香氣。

我烹調菇類最常用鋁箔紙包好了烤，這樣可以品嚐它的原味，又保持了菇的甜嫩，調味料只需用少量的海鹽，做法簡單，味道卻最原始。我常常在市場快收市的時候，去收購一些挑剩的各種菇類，因為這個時候去採買價格最便宜，有什麼買什麼，也不用分類，然後買回家鋪在陽台上曬乾（約曬5天），即可作為熬素高湯和蕈汁最好的原料。這種乾燥菇類熬製高湯的方法很簡單：只要將曬乾的各種菇類用水沖洗後

（防止有灰塵），放入鍋內，加入四倍份量的水燒開，然後改小火，熬到湯汁剩一半時，將菇撈除，濾出湯汁，放涼後冷藏，就是最鮮美又最天然的蕈汁了。

不過要享受這個便宜又美味的菇類美食，先決條件是必須要有陽光的日子，因為除了日曬，除非有乾燥機，但後者又太不符合經濟原則了，而且菇類經過日曬會產生天然的香氣。我曾經因為天候不佳而改用烤箱烘乾，先釋出水分，然後變得乾縮焦黃，香氣和外觀都不盡理想，因此一定要看準陽光普照的時候再曬。菇類的另一特色是一年四季都有，價格也平穩，是最天然的高鮮來源。

海帶、海苔、紫菜屬於海藻類，含維生素E和B_{12}，以及Omega-3脂肪酸，可抑制癌細胞的生長、提升免疫力，特別是對紅血球的合成以及增加血球數目都有很大的食療效益，而且海藻類可以提供素食者易缺乏的維生素B_{12}。

天然原味的蕈汁製作方法

晒乾菇類　＋　四倍份量的水　＝　蕈汁

昆布、海苔、海帶芽皆含有長鏈Omega-3脂肪酸，能對抗細胞發炎、抑制癌症，其中的褐藻糖膠可促使癌細胞凋亡、提升免疫力、抗輻射等，這些海菜都有口感黏滑的特質，屬於水溶性纖維，可以包覆膽固醇，使身體不容易吸收，因此是降低人體膽固醇非常好的食物。

日本人利用昆布製作調味料，也用它作為熬製湯頭的鮮味來源，做素高湯的時候如果放一片海帶一起煮，可以增加湯的甜味，平常用海帶絲涼拌或是滷海帶捲、海帶燒肉等等都是吃海帶的方法，一些韓、日貨的食品行還可以買到包裝成糖果的海帶糖，其實打開就是一小塊類似滷海帶，只是鹹中帶甜的海帶零食，對沒有時間烹調或對吃海帶不感興趣的人，用吃零食的方式攝取海帶的營養值也是很好的方式，我每次看到這種東西都會買，放在桌上看到了就有人吃，總比煮了海帶的菜，苦口婆心要他們多吃來得省力。

昆布：則是煮湯用得多，有時候我也會搭配菇類一起放入鍋內，用小火長時間熬煮出鮮味，作為素高湯的湯底，讓素食因為有它們的加持而變得鮮美，只是用蔬菜熬湯，可以增加甜味，但如果加了菇類就會有鮮味，對於不想吃素的人，可以用雞架一起熬，那就是鮮味極高的高湯了，完全不須

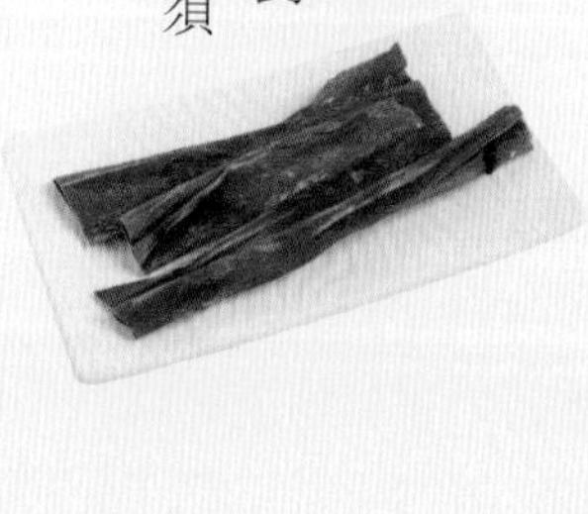

添加人工甘味的味精或雞粉，吃得既健康又天然。

相較之下，海苔的接受度就容易得多，靠著電視廣告的影響，各種海苔片都是零食，不管用它捲飯糰還是當零食，小孩幾乎不用大人勸就能一片又一片的吃不停，大人也會喜歡吃，所以海苔片的銷路是最不用擔心的。至於紫菜、海帶芽也只是吃法不同而已，煮湯、涼拌、包壽司，對於居住在海島地形氣候的我們都是耳熟能詳的食物。

天然素高湯製作方法

材料

黃豆芽半斤、高麗菜切碎半斤、昆布1片（約200公克）、甘蔗1小段（約50公分）、紅蘿蔔1條、乾香菇10朵

作法

1 將所有材料洗淨、切碎後放入湯鍋內，加入四倍的水燒開，改小火熬煮。

2 待湯汁剩下二分之一時，撈除其中的材料，濾出的湯汁即是鮮美的素高湯。

3 如果要加入雞骨同煮的話，要將雞骨先汆燙過，去除血水後，跟所有材料同時入鍋熬煮即可。

水果類——補足細胞養分，增強免疫力

台灣一年四季都有不同的水果上市，而每種水果都有不同的營養成分和功效，生病的人多吃水果可以幫助腸胃的蠕動，減少便秘，健康的人多吃水果也是有益健康的，**我的建議是只要選擇本地盛產的當令水果，就可以享受最物美價廉的纖維補給，**根本不必

避免食用農藥殘留的蔬果5大要訣

要訣1

採買要削皮的水果：水梨、木瓜、香蕉、柳橙、橘子、西瓜等。

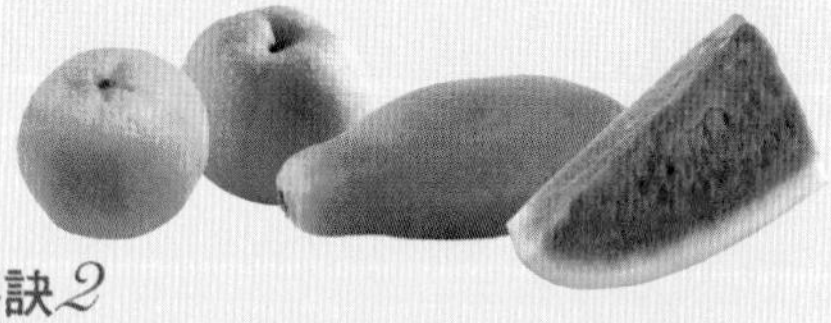

要訣2

採買結果期使用套袋的水果：如芭藥、楊桃、蓮霧、葡萄等，因為果實經過套袋處理，可以隔離農藥殘留的作用。

要訣3

在節慶日前後或是天然災害，有可能提早採收蔬果上市，相對農藥殘留率較高，應避免搶購。

要訣4

進口水果需要長期貯存，因此需要配合藥劑來延長保存的時間，建議儘量避免食用。

要訣5

不食用非當季的蔬果，因為非當季生長的果實較脆弱，需要大量的化學藥劑保護，而且價格較貴。

花大錢去吃進口水果。

在不同的季節裡無論是大賣場或傳統市場裡大多是販售當季盛產期的水果，而我大部分都是在傳統市場採購，以當天看見最新鮮的為原則，有什麼就買什麼，而且相信不同的水果有它不同的營養和口感，其實從開刀到化療結束，然後休養到復健，橫跨幾個季節，大部分水果都吃得到，除了直接食用，打成果汁也是攝取方式之一，即使是平時，我家當令的水果也是從不間斷的，各種不同的水果擺在餐桌上的水果籃，每天都可以享受吃水果的樂趣與幸福。

急症緩解，簡單有成效——食療小偏方

作為中國人，從小到大都耳濡目染許多民間偏方，這其中固然有迷信的成分，但也不乏許多先人累積的經驗，這些偏方就是食療最好的實證，在醫術不發達的古代，先民們靠著口耳相傳去試驗各種大小病症，即便到了科技進步的現代，仍然有值得學習的地方，但是先決條件還是要先看醫生，而且是情況輕微的小毛病才可以試，其次是只要是

使用到藥物都最好徵詢醫生的意見，即便是草藥或中藥，也要由專業提供意見，而不是道聽途說貿然嘗試。

我在化療期間，發生兩次不大不小的病，卻把我整得整個生活大亂，先是食物中毒導致嚴重腹瀉，之後又發生嚴重便秘。食物中毒那一次我曾經外食，當天吃了沙拉，因此醫生認為可能是沙拉引起的，因為沙拉的成分中有生蛋，可能製作過程中雞蛋的細菌掉入食物中所造成，可是當天跟我一起吃飯的還有其他人，但他們並沒有發生跟我一樣的情形，因為我是病人，而且是癌症病人，抵抗力本來就弱，所以體質不能跟正常人相提並論，所以我中獎了。開始的上吐下瀉，讓我短短半天之內就軟弱到四肢無力，夾雜著劇烈的腹痛又讓我冒冷汗，只好半夜掛急診，打針吃藥後算是止住了，可是等我把藥都吃完後又變成了便秘，於是我又急著找通便的方法。我覺得醫生只是幫我堵住不拉不吐而已，體內的病毒並沒有去除，於是我試著用民間解毒的方法，就是喝綠豆湯。

排毒的綠豆湯

選用外觀有點毛綠的新鮮綠豆（外皮油亮的是放置較久的豆），洗乾淨後一次把水加足（從綠豆平面量，大約一個拳頭高的水量）先浸泡二十分鐘，然後放到爐子上煮開，再改小火熬煮到綠豆熟爛為止，此時的綠豆已經看不到顆粒，所有澱粉都溶化到湯裡去了，然後把湯汁瀝出來，不加任何調味料的喝。這種新鮮綠豆煮的綠豆湯，氣味非常清香，所以即使沒有調味還是非常好喝，過了半天又開始腹瀉了，這次跟上回不同的是拉出一些黏稠的稀便，而不再只是水瀉，如此又持續了兩天，好像肚子裡的東西都拉空了，而我除了喝水並未進食其他食物，因此體力有點虛弱，於是我又用蘋果汁來止瀉。

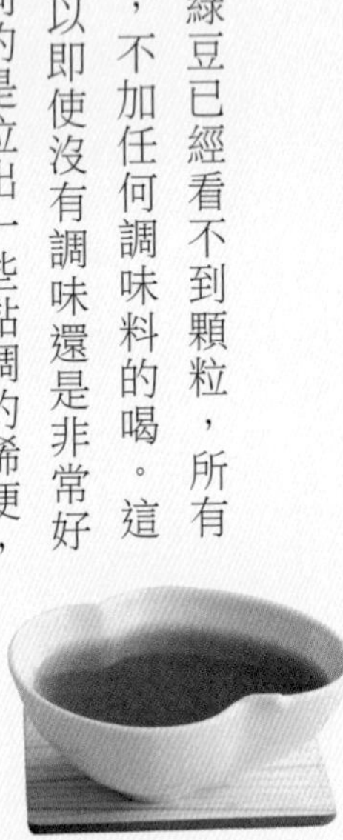

止瀉的蘋果汁

家裡有各種果汁機，其中一款是可以直接放入水果，然後分解出渣質與果汁的，我就用它來榨蘋果汁，榨汁的蘋果不用買太大、太貴的，只要新鮮，小一點無所謂，進口蘋果的外皮都有上蠟，一定要先削皮再榨汁，本地產的梨山蘋果就不用削皮，可以連皮一起放入榨汁。

大約3個小蘋果可以榨出三〇〇西西左右，榨完要馬上喝，否則很快就會因為氧化而變色，每隔4小時，大約連續喝三次就好了，這種原味蘋果汁香甜又好喝，就連小孩也樂於接受，由於都是天然的食品，不必擔心副作用，所以這樣的偏方還真是小兵立大功呢。

預防感冒的紅糖薑湯

癌症療癒之後，我的免疫系統受到嚴重的破壞，導致身體的抵抗力變得很差，稍微不注意就很容易生病，其中最常患的就是感冒，我每次感冒都會拖很久，而且隨之而來的咳嗽常常把我折騰得痛苦萬分，所以我非常小心避免，我的感冒徵兆剛開始是打噴嚏，然後鼻塞或流鼻水，每當有這種狀況時我一定馬上煮薑湯喝，因此在家裡隨時都準備老薑，它除了是做菜時去腥不可少的辛香料之外，也是煮薑湯的必需材料。

紅糖薑湯要趁熱喝，通常喝完會微微出汗，如果是冬天，最好洗完澡喝，然後蓋上被子睡一覺，隔天所有感冒症狀就都好了，這種紅糖薑湯又香又甜，味道非常非常好，是去除寒氣最好的食方。

紅糖薑湯製作方法

作法

1 先將老薑（大約200公克）洗淨，但是不要去皮，然後切厚片。

2 放入鍋子裡加3碗水水燒開，改小火煮10分鐘左右，讓薑的味道完全釋出在水裡。

3 再加入紅糖3大匙調味，小火煮3分鐘，然後瀝出湯汁飲用。

根據醫學研究，生薑的萃取物可以瓦解雄激素受體，對於抑制直腸癌的生長有極佳的功效，它的抗氧化物如薑酮和薑烯酚，也具有抗發炎的功效，並且對防止嘔吐非常有效。我有一個親戚很會做蜜餞，常常送我一些他自己做的水果蜜餞，因為不含防腐劑，所以吃得很安全，但是我最喜歡的是她做的糖薑，聽她說要先將老薑切片後，用水煮一下，去掉它的辣味，再用糖去熬，然後曬乾後裝瓶保存，每當我吹了風、著了涼、有點打噴嚏的時候，熬薑湯來不及，如果有糖薑的話，馬上吃幾片就可以快速的預防了，此外我有暈車的毛病，搭飛機或搭長途汽車都很容易頭暈而嘔吐，我也是隨身攜帶一小罐糖薑，吃幾片之後不適症狀就可以改善很多。

止咳的川貝燉梨

長期上烹飪課吸入太多油煙，加上經常需要說很多話的緣故，我的喉嚨似乎使用過量又缺乏保養，變得十分脆弱敏感，萬一感冒引起咳嗽的話，都要花很長的時間才能恢復，那種每次都像快把五臟六腑都咳裂的感覺非常不舒服，也造成生活上的困擾。

我非常小心盡量不讓自己感冒，但還是有防不勝防的時候，一旦出現咳嗽症狀，我的方法是馬上用川貝燉梨，它比起醫院的各種止咳藥好吃多了，效果也很好，只是冬天的梨少，夏天就便宜得多，但是一旦咳嗽，為了讓自己好過，即使冬天貴些也還是比吃藥強，夏天梨盛產的季節當做甜點吃，也是非常滋補的。

做燉梨不用買高級品，也不用太貴、太大的，只要外皮細滑、色澤清亮的即可，削皮後洗淨、挖除梨心、切大厚塊放進蒸碗裡（不銹鋼或瓷器材質皆可），然後鋪上川貝和冰糖（或麥芽糖），放入電鍋，外鍋放2杯水，蒸到開關跳起來即可取出食用。

川貝燉梨可以看梨的大小調整材料的比例，夏天梨很甜的時候，麥芽糖的份量可以少加，蒸好先喝湯，雖然沒加水，但是梨蒸爛之後會分泌湯汁，用湯匙舀著梨肉一起吃或用濾網把梨汁擠出來都可以，好吃又有效，不過最好咳嗽一開始就要趕快吃，咳久了就不是吃一兩次就好了，嚴重的話最好還是去看醫生。

川貝燉梨製作方法

作法

1. 將梨1顆、川貝約2湯匙、麥芽糖2湯匙放入容器中。
2. 然後移至電鍋內，外鍋加2杯水，煮至開關跳起即可。

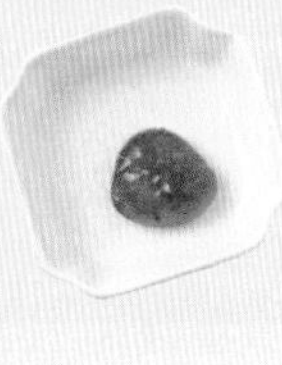

生病的人體力都比較差，精神也不好，因此很多時候不是躺著就是坐著，這樣對身體的康復很不利，只要可以動，病人都應該強迫自己起來走動，即使受到傷口疼痛的牽制，也要讓其他器官多活動，範圍可以從家裡的房間到客廳，然後住家附近的巷子，再慢慢擴展到公園或較大面積的運動場。

第五部

恆心—
點燃活力的抗癌運動

相輔相成——吃對食物，運動不偏廢

記得我剛作完乳房切除手術後三天，醫生通知我可以出院了，剛開始回到家時大部分時間都是躺在床上休養，可是躺久了頭更暈、身體更疲累，便起來在屋子裡走動，慢慢的到公園去散步，起初走得很慢，中途還經常停下來休息，大安森林公園的慢跑步道走一圈是二〇七五公尺，我從一小時進步到五十分鐘、四十分鐘，如今走一圈只需二十分鐘了。

對病人來說，**運動能強化心肺功能，同時也是幫助肢體恢復靈活最直接的方法**。每日建議運動至少要二十至三十分鐘，同時也要日曬二十分鐘，因為身體經過陽光的洗禮，可以促進維生素D合成，強化骨質。**運動的另一個好處是促進新陳代謝**，尤其是化療期間，我因為注射了很多藥物在體內，幾次之後我的手指、腳趾都沉澱了很多藥物而變得一根根都是黑黑的，臉色也很難看，全身皮膚暗沉，**因此我靠著運動的流汗、大量喝水來將它們代謝出體外，唯有這樣才能讓身體盡快恢復到正常的色澤**。

運動過程中最好的補充物就是白開水。我不太喝咖啡或茶這些含咖啡因，容易讓自己失眠的飲料，以前我是最討厭喝白開水的人，生病後我已經慢慢習慣了什麼味道都沒有的白開水，天氣涼的時候我喝熱開水，天氣熱的時候我喝溫開水，冰水我不太喝，頂多用來打果汁。

我沒有買什麼負離子或特殊功能的飲水機來改變居家水質，只是用一般的濾水器而已，也沒有買礦泉水來作為飲水，家裡的自來水因為水公司添加了一些淨化藥物，所以有股味道，經過濾水器已經好很多，加上煮沸過，喝起來沒什麼味道，而且我的冷開水都是用熱開水冷卻的，因此不需要另外花錢買瓶裝水，這也是省錢的好方法。生活中不是一定要花錢去買高價位的東西來換取安心，何況那些瓶裝水是不是真的安全，也是存疑。

▲每日運動至少要二十至三十分鐘，同時也要日曬二十分鐘，身體經過陽光的洗禮，可以促進維生素D合成，強化骨質。

運動帶來的循環讓身體流汗、喝水之外，也會有比較好的胃口，這是息息相關的，每天早上我作完運動之後都會感到飢腸轆轆，因此早餐都有比較好的食慾。當我從運動場回到家，先洗個臉再吃早餐，夏天甚至會洗個澡，立刻覺得神清氣爽，精神也變得輕鬆起來，這樣無論吃什麼都容易吸收，**身體也會因為食物的營養而康復得更快**。

很多人以為運動一定要到特定的場所，要極大的動作，其實未必，因為總有天氣不好出不了門的時候，加上白天長時間的坐著，其實運動隨時隨地都可以做，也不需要花很多的錢，除了大面積的場地可以大動作的舒活筋骨外，坐在椅子上、躺在床上，甚至走路都可以做運動，也都可以達到不同功能的效果。

戶外運動——空間寬敞、吸收芬多精

我對做運動不是那麼規則的一成不變，畢竟運動的目的是舒活筋骨，運動的功能是幫助身體的關節靈活，所以我並不會按部就班有秩序的做，而是以身體的感覺為考量，**哪兒痠痛先做哪兒，哪兒不舒服就哪兒多做點，一定要以自己的需要和自己身體的感受為主**，不是做給別人看，更不是交成績單，只有自己最知道身體的需求，只要全身都運動到，效果也就達到了，這才是運動的功能和目的。

散步

選擇空間較寬敞的場地，例如：學校的操場或是公園的人行步道，甚至住家附近的巷弄都可以，穿上舒適的運動

服和運動鞋，以個人能適應的速度前進行走，**時間也以個人體力為基準**，要持之以恆，而不是拼時間長、速度快，三天打魚兩天曬網是達不到效果的。

舒適的服裝可以通風、排汗，方便肢體靈活運動，一雙好的運動鞋可以減少關節負擔，走路輕鬆、避免扭傷及腳板抽筋。不妨到運動器材專賣店選擇適合自己腳型及需求的運動鞋，那裡的樣式多，功能也不同，走路的鞋和打球的鞋不盡相同，問清楚功能然後按自己喜歡的樣式買，才是善待自己最好的方法。

散步最好的時間是早晨，此時的空氣經過一夜的沉澱比較清新，尤其公園有樹木的地方，散步可以吸收新鮮的芬多精，而且視野清晰，可以防止步道不平或有異物的狀況，晚間散步除了視線不佳，如果有狀況便來不及反應，空氣也不好，即便是樹林，吐露的都是二氧化碳，對健康無益。

登山

病人的體力不比常人，登山固然是增加肺活量、靈活筋骨、呼吸好空氣的運動，但是最好從高度較低、坡度不大的小山開始，**速度要放慢，中途多休息、補充水分、時間不要過長**，等到體力恢復夠了，再慢慢加長時間、加快腳步，總之要量力而為，病人必須接受自己生病的事實，不要急於復健而超出自己的體能負荷，一旦覺得累了就要停止，不必逞強。

健身操

散步之後做做健身操，不但是緩和呼吸、調整步伐、也是**讓全身筋骨經由擺動、揮舞、扭轉中得到放鬆的紓解方式**。順序從頭部開始，慢慢延伸到其他部位，務必讓全身每個關節都能運動到。

〔健身操〕

頸部運動

● 如果頸部轉動而有頭暈現象，不妨張開眼睛，隨著轉動看著四周環境，即可減輕不適。

動作 1 採站姿，雙手插腰，微閉雙目。

動作 2 頸部由左向右緩慢轉動5圈。

動作 3 再由右向左緩慢轉動5圈。

〔健身操〕

擴胸運動

- 每次張開擴胸的時候停留3秒左右，讓吸入的空氣深達肺部再呼出，清晨在樹多的地方吸收清新的空氣，最能產生通體舒暢的感覺。

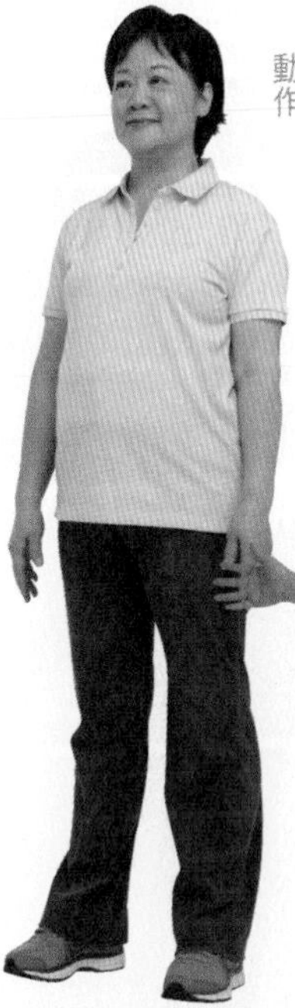

動作 1 兩腿張開與肩同寬，雙手自然下垂。

動作 3 右腳向前跨一步，雙手同時向兩側擴張（胸腑朝前）做深呼吸，連續15次。

動作 2 左腳向前跨一步，雙手同時向兩側擴張（胸腑朝前）做深呼吸，連續15次。

〔健身操〕

雙臂運動

● 這個動作可以帶動整個身體上半部的扭動，雙臂間的韌帶變得有彈性，包括腋下淋巴可以再度得到舒暢的效果。

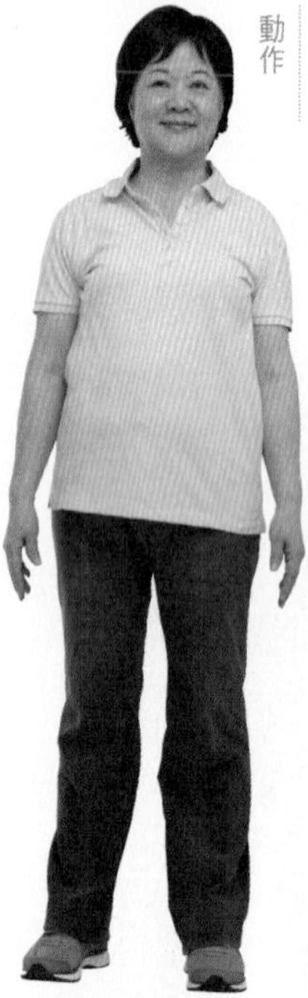

動作 1 兩腿張開與肩同寬，雙手自然下垂。

動作 3 抬高雙臂往後划動（類似游泳划水的動作），連續做10次。換邊續做。

動作 2 左腳往前跨一步，同時抬高雙臂往前划動（類似游泳划水的動作），連續做10次。

〔健身操〕

甩手運動

● 有位朋友送我一本氣功大師李鳳山的甩手運動手冊，我覺得很簡單又有保健功能，每天要開始運動之前，先做這個運動可以調節呼吸、順氣，相當於熱身運動。

動作 1 兩腿張開45度，與肩垂直站立。

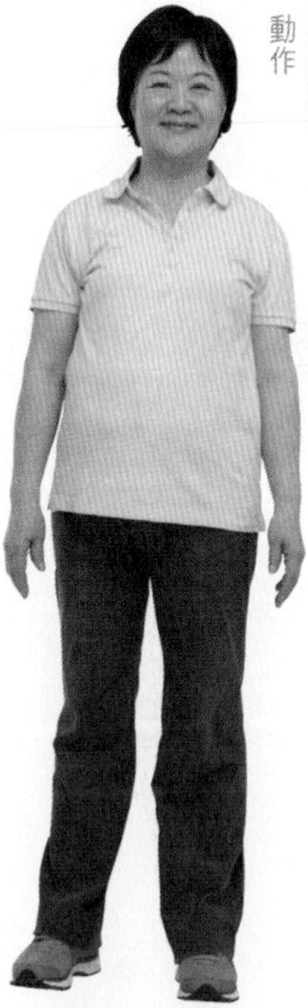

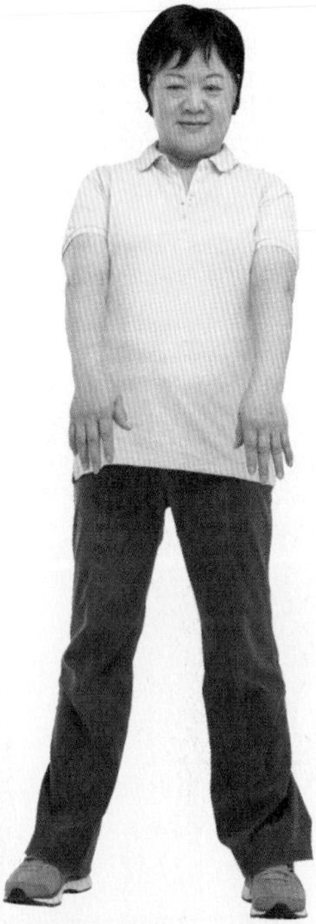

動作 2 雙手伸直平舉，上下甩動。

動作 3 雙手下垂至大腿兩側，每五下雙膝彎曲一下，重覆做100下。

健康小叮嚀：若手臂有出現淋巴水腫時，不宜做此動作。

〔健身操〕

側彎運動

- 這個動作對乳癌病人非常重要，無論乳房的切除面積多少，都有患部肌肉緊縮的問題，為了幫助周邊肌肉恢復彈性，從剛開始的單邊抬手，慢慢增加兩手抬高，直到手指可以在頭不動的情況下撫摸到另一側的耳朵為止，要經常做才能幫助傷口周邊的神經早點復原。

動作 1 兩腿張開60度，雙手放在頭頂上方交握。

動作 2 身體往左側傾斜，再回復動作1，連續5下。

動作 3 身體往右側傾斜，再回復動作1，連續5下。

〔健身操〕

腰部運動

● 這個動作也可以雙手朝上交叉，然後先左右旋轉、再前後扭動，手怎麼擺都不重要，主要是腰部能得到放鬆。以我的經驗，雙手插腰或後背比較輕鬆，雙手舉開比較吃力，但是活動量也比較大，通常我比較累的時候就雙手插腰，減輕腰部的負荷，若是體力好，有時我也會雙手舉高交叉著扭動，每個人可以斟酌自己的體能狀況。

動作 1 兩腿張開約30度，雙手插腰。

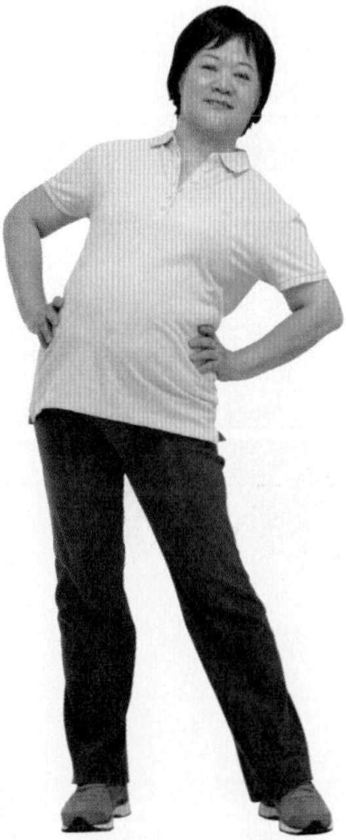

動作 3 雙手托住腰部，再由右向左呈圓形旋轉10次。

動作 2 雙手托住腰部，由左向右呈圓形旋轉10次。

〔健身操〕

彎腰運動

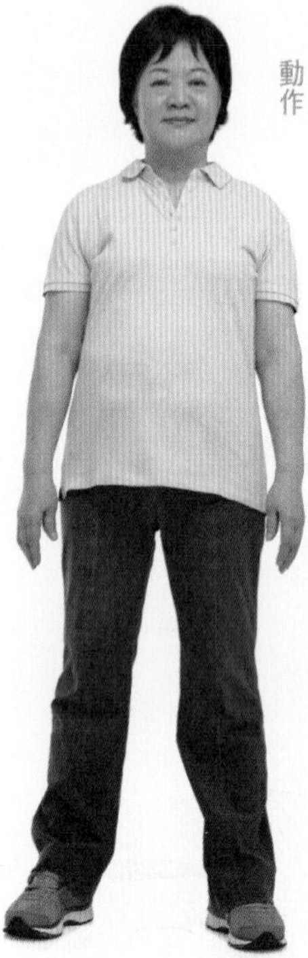

動作 1 雙腳分開45度，
吸氣。

動作 2 雙手伸直慢慢往前方彎下，
直到指尖碰觸地面。

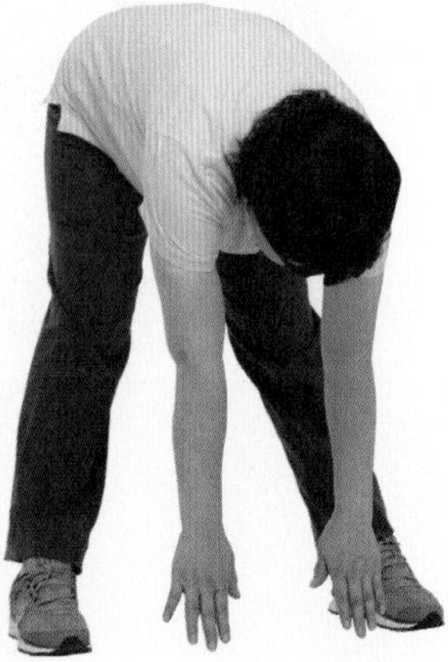

- 這種吸氣、吐氣的動作可以幫助體內的氧氣循環，讓身體吸入新鮮空氣，再吐出體內不好的氣，做完之後會覺得神清氣爽、通體舒暢。

動作 3 然後慢慢起身，雙手往上伸直（同時慢慢吐氣）往後傾，反覆做10次。

〔健身操〕

轉身運動

● 雙手一直平舉，然後左右方向輪流轉動，只要雙腿固定，就可以達到腰部運動的效果，先讓腰部的肌肉鬆軟，後面的彎動作才不會僵硬，可以避免驟然彎下時扭傷的可能。

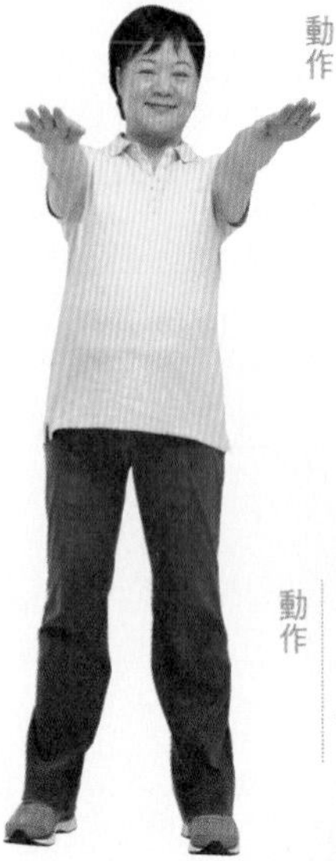

動作 1 兩腿張開45度，與肩垂直站立，雙手伸直平舉。

動作 3 雙手伸直轉向右邊，目光隨著手臂方向移轉出去，然後收回至正前方、放下，如此重複20下。

動作 2 雙手伸直轉向左邊，目光隨著手臂方向移轉出去，然後收回至正前方、放下。

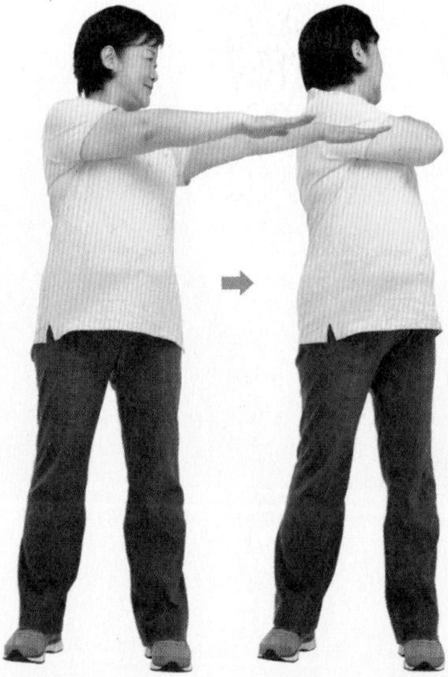

〔健身操〕

拉筋運動

- 拉筋可以讓腿部的血液循環，關節得到舒展，運動後，全身都感覺到舒暢感。

動作 1 採半蹲姿勢，跨出右腳、左手放在腰上。

動作 2 右手扶住腰部、半蹲，右腿伸直、左手扶住左腿往下壓，上下5下。

動作 3 左手扶腰，半蹲，左腿伸直、右手扶住右腿往下壓，上下5下。同樣動作交換做，各2回合。

〔**健身操**〕

彈腿運動

動作 1 採站姿，雙手插腰，腳尖著地。

動作 2 抬起左腿用力往前踢，連續15下。

● 如果怕重心不穩，可以扶著固定的支撐點，例如：欄杆、樹幹或牆壁都可以，避免踢腿時因用力而跌倒。

動作 3 抬起右腿用力往前踢，連續15下。

〔健身操〕

順氣運動

● 當作完成所有運動後，身體難免因為運動而流汗，也會因為運動而使得呼吸急促，因此一定要慢慢調節呼吸、放慢動作，讓身體恢復平靜，做個完美的結束，而不是驟然停下然後氣喘吁吁，因此順氣也是個重要的動作。

〔拍打運動〕

手部拍打

動作 1 將左手伸直、右手放在左肩上。

2-1

動作 2 沿著手臂上方至下方均勻拍打，再從腋下至胸部。換右手，重複動作2。

2-2

2-3

● 這個動作主要是拍打身上的淋巴，讓它暢通。動作要輕，但要均勻，每個地方都要拍到。

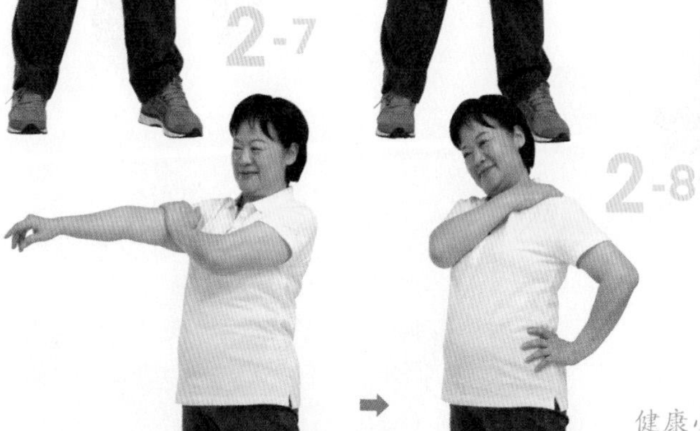

健康小叮嚀：正在接受放射治療的患者不宜拍打注射過的部位，避免皮膚受傷。

〔拍打運動〕

腿部拍打

動作 1 雙手自然下垂，兩腿微張。

動作 2 雙手沿著腰部往下拍，邊拍邊彎腰，一直拍打到腳部穿鞋的位置。

● 雙手拍打的力道要適中，無論是由上往下，或由下往上力道都要均勻，手掌張開循序拍打幫助血液流通。

動作3 接著拍打腿部的內側，慢慢拉直腰身。

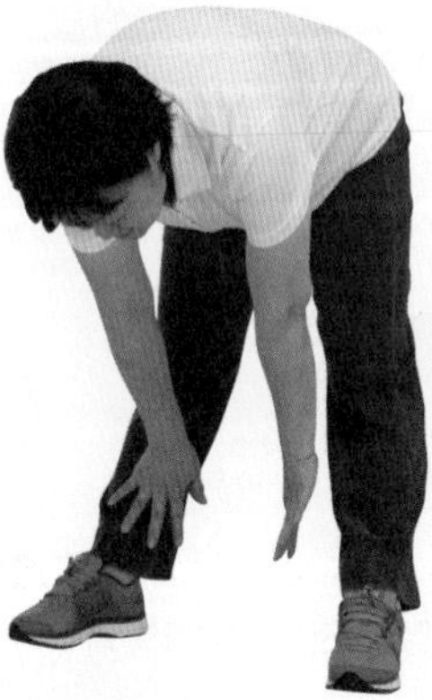

動作4 最後拍打兩腿的鼠蹊部位10下。

〔拍打運動〕

肩、胸部拍打

● 鼠蹊、腋下是淋巴最多的位置，最好的保養方式就是拍打，力道要適中，位置上下左右都顧及，有助促進代謝、排毒。

動作 1 左手叉腰，用右手掌拍打左肩，慢慢往下拍打到左胸上方，再到左腋下，循環拍打15下。

動作 3 雙手放在胸口上輕輕拍打20下。

動作 2 換右手插腰，用左手掌拍打右肩，慢慢往下拍打到右胸上方，再到右腋下，循環拍打15下。

〔坐著也可以運動〕

臉部運動

● 可以消除眼睛疲勞、減少眼袋產生

動作 1 用中指按住眉骨靠近鼻樑的位置，用力壓10下。

動作 2 再沿著眉骨四周眼眶的地方用力按，反覆20下。

〔坐著也可以運動〕

眼部運動

● 消除疲勞、恢復視力

動作1 兩手握拳、姆指伸出，拳頭朝外、姆指腹按住眼窩靠近眉頭的部位，雙眼微閉，輕輕按壓五下後鬆開。

動作2 沿著眼窩四周慢慢往外壓，直到眼角，來回按2分鐘。

動作3 改用中指腹按眼窩下方，從鼻樑邊到眼尾，來回按2分鐘。

〔坐著也可以運動〕

頸部運動

● 放鬆頸部關節、減緩肌肉緊繃

動作 1 雙手托住腰，大拇指放在前方，四指在後方。

動作 2 頭部往後仰，頸部由左至右轉動，再由右至左，各轉動10下。

〔坐著也可以運動〕

肩部運動

● 放鬆肩部肌肉、紓解長時間固定坐姿的僵硬

動作 1 坐正、背部挺直。

動作 2 **右肩膀**往上提高，再放下，反覆20下。

動作 3 換**左肩膀**往上提高，再放下，反覆20下。

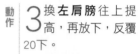

〔坐著也可以運動〕

腰部運動

● 紓解長時間低頭工作的鬱悶、減少腰酸背痛

動作 1 採坐姿，背部挺直，雙手十指交扣，平舉。

動作 2 將雙手往上慢慢抬高，身體慢慢向後傾斜。

動作 3 雙手鬆開，往身體兩側緩慢放下，連續做20次。

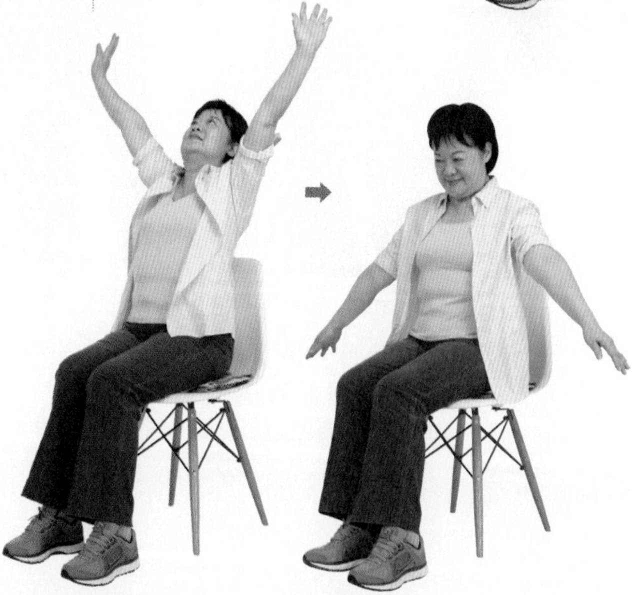

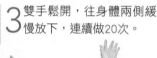

〔坐著也可以運動〕

手臂運動

● 伸展上半身、放鬆神經

動作 1 坐正，腰挺直，雙腿自然併立，雙手十指交叉、從胸口往外，推向前方。

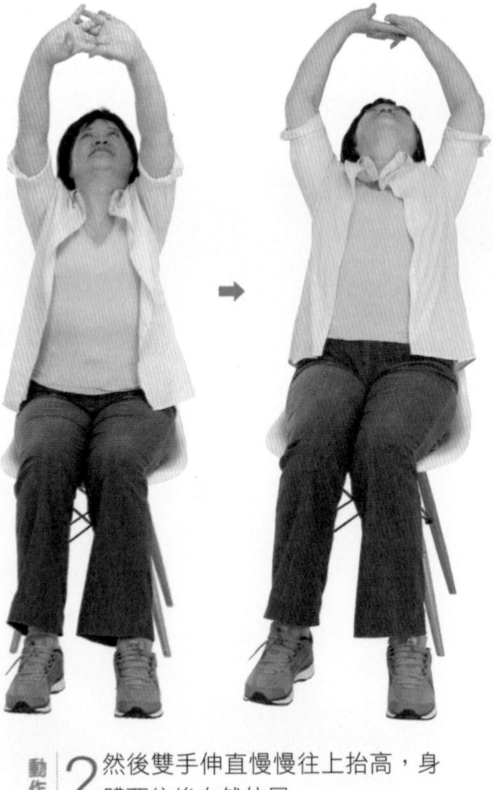

動作 2 然後雙手伸直慢慢往上抬高，身體要往後自然伸展。

動作 3 慢慢將雙手往外擴張，再平舉伸展與肩同高，連續做10次。

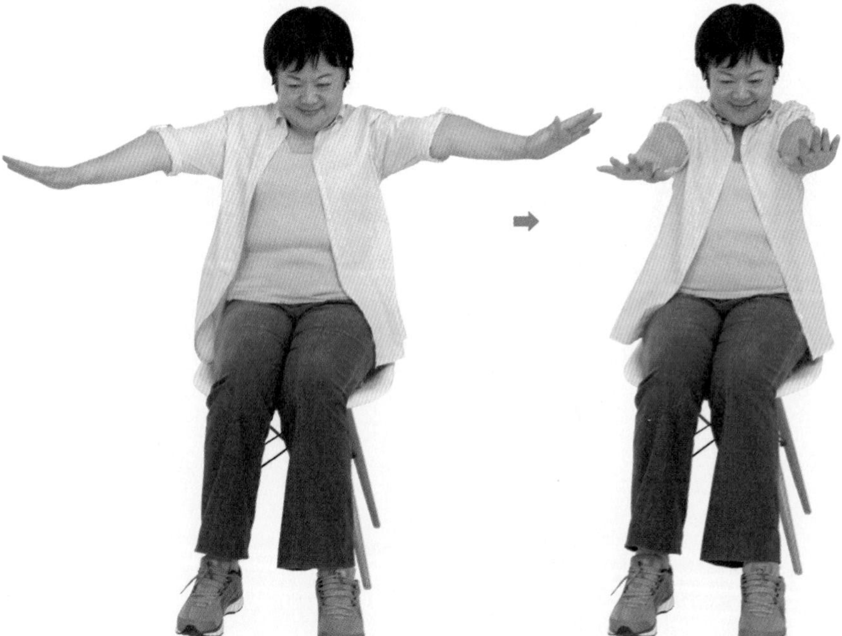

〔坐著也可以運動〕

手指運動

● 讓肌肉放鬆、促進手部血液循環

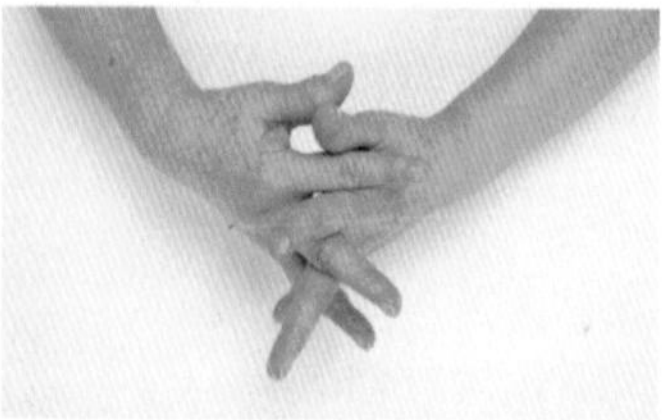
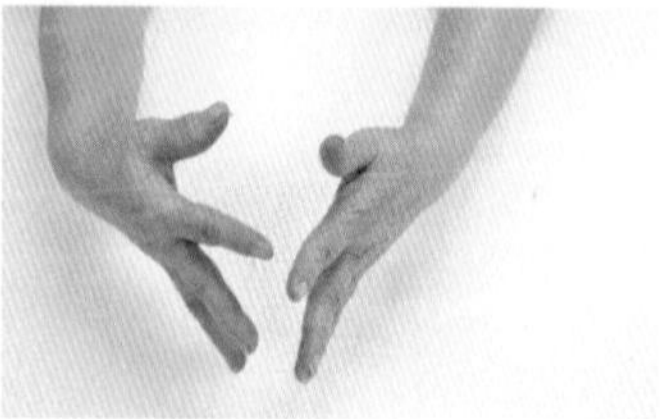

動作 1 雙手的十指用力交叉、分開、再交叉、分開，做20下。

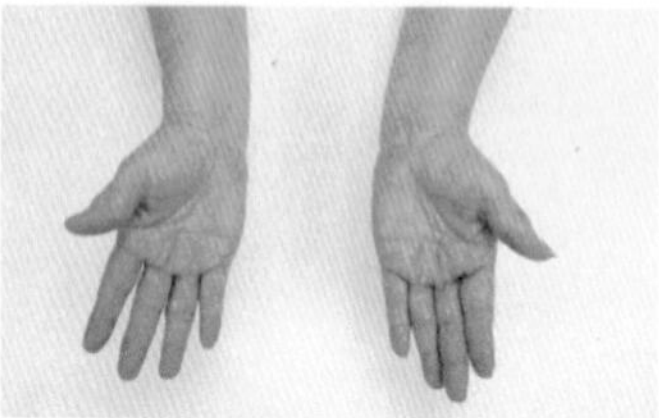
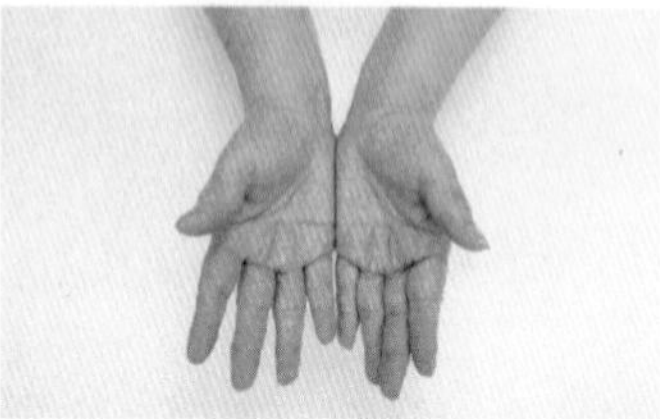

動作 2 雙手手掌朝上，用小指邊緣的部位用力碰撞、分開、再碰撞，做20下。

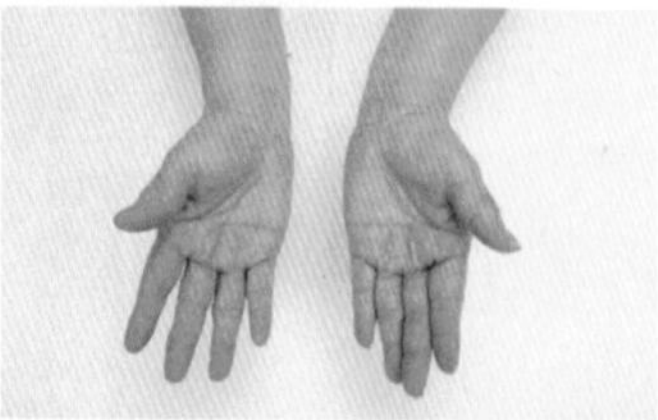
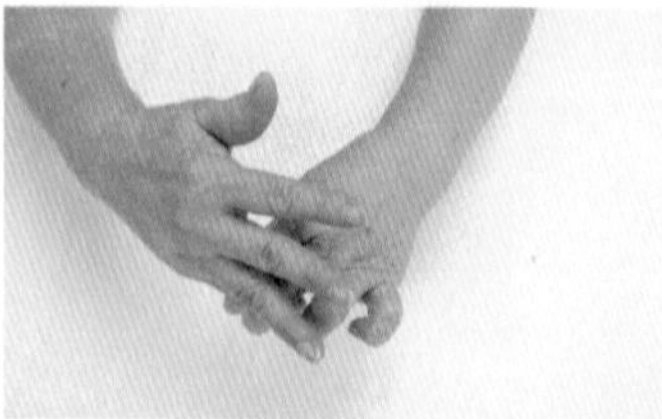

動作 3 雙手掌張開，用拇指和食指按壓另一隻手每個手指頭，接著換另一隻手以相同動作按壓2分鐘。

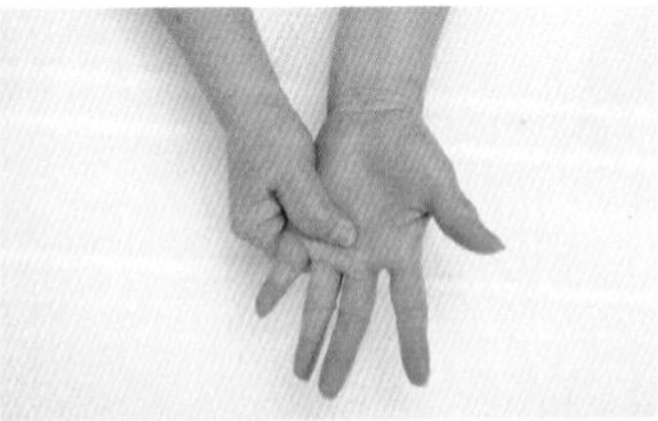
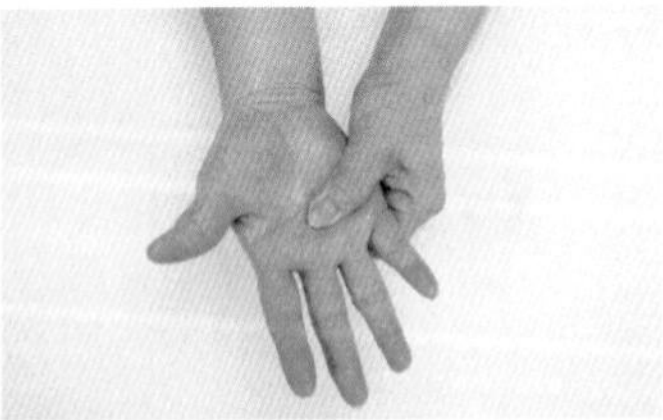

動作 4 以右手掌的拇指和食指，按壓左手掌的每個部位，接著換另一隻手以相同動作按壓2分鐘。

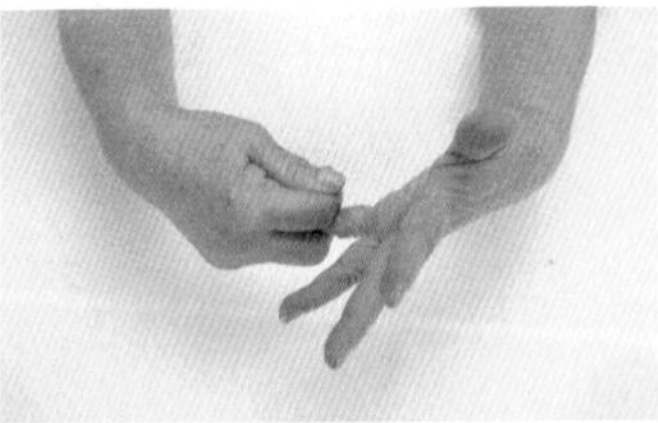
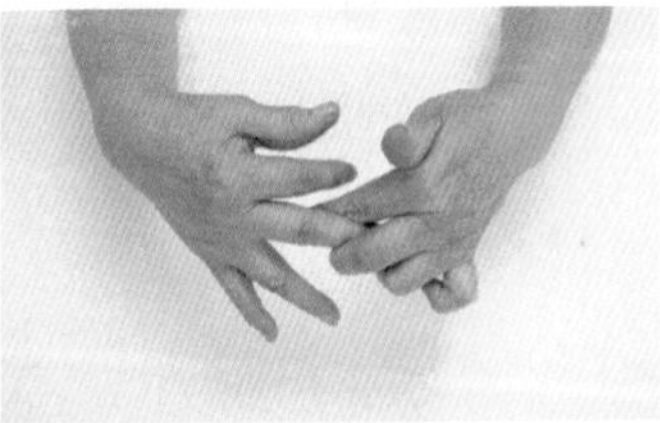

動作 5 以右手掌的食指和中指，夾住左手的每根手指頭，用力往外拉，每根手指做5次，然後換另一隻手，同樣往外拉5次。

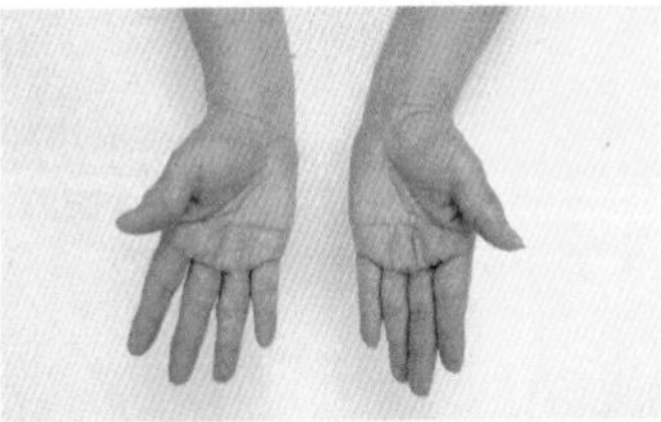
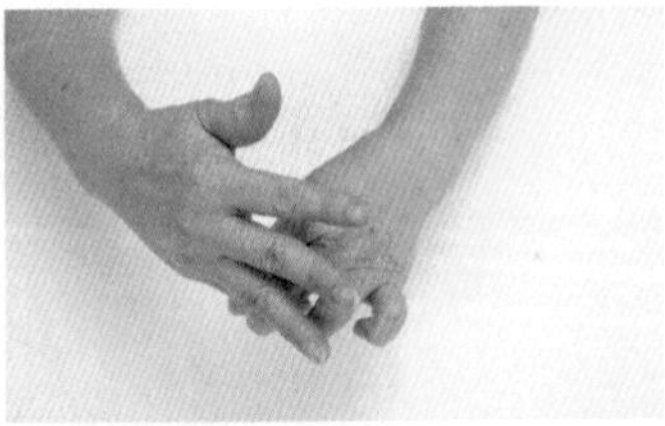

動作 6 掌心朝上，以右手的拇指和食指捏左手每根手指頭（每根手指捏20秒），然後換手，以相同方式捏每根手指頭。

〔坐著也可以運動〕

腿部運動

● 促進腿部的血液循環

動作 1 坐正，雙手按住椅座的兩側，抬高右腿伸直，將腳尖往下壓（用力拉直腳跟）並且持續10秒後放鬆，反覆做10次。

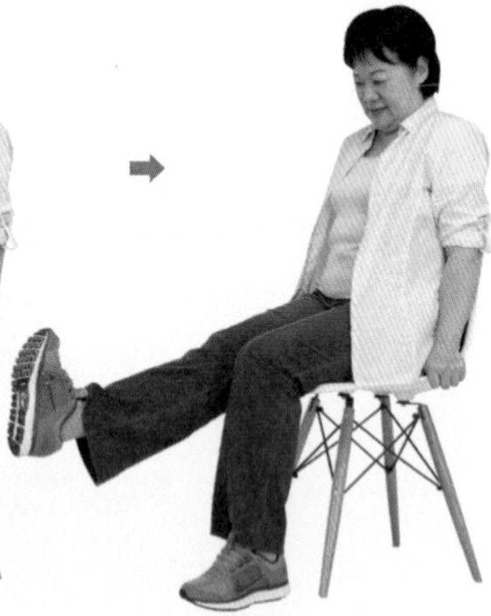

動作 2 坐好，雙手按住椅座的兩側，抬高左腿伸直，將腳尖往下壓（用力拉直腳跟）並且持續10秒後放鬆，反覆做10次。

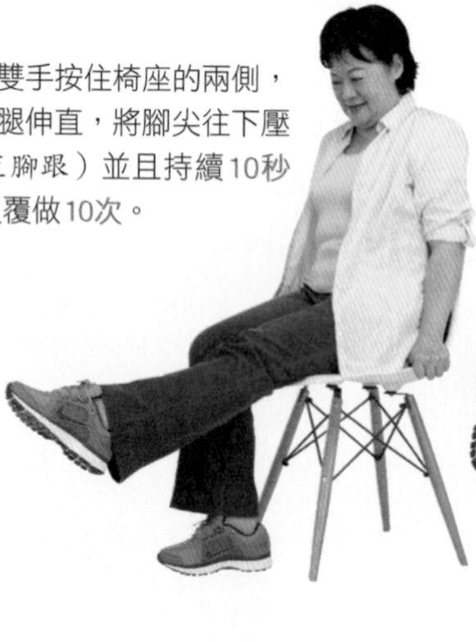

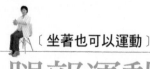

動作 3 坐在椅子上，雙腿自然併立，雙手握空拳從腰部兩側至腰背拍打30下。

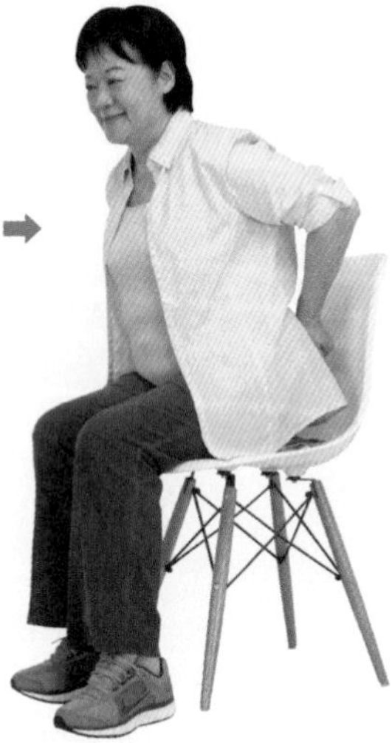

動作 4 再拍打大腿外側直至膝蓋處，再接著拍打臀部周圍的肌肉，來回拍打30下。

不花錢的保健法

每天早晚用梳子梳頭一百下

利用梳子梳頭，可以幫助頭皮的血液流通，減少掉髮、減緩白髮的產生。梳子的材質要挑選軟硬適中的大髮梳，從**額前梳到後腦髮根，來回的梳**，速度要慢、動作要輕，避免弄傷頭皮，看電視的時候或者是坐馬桶的時候，都可以做這個動作。

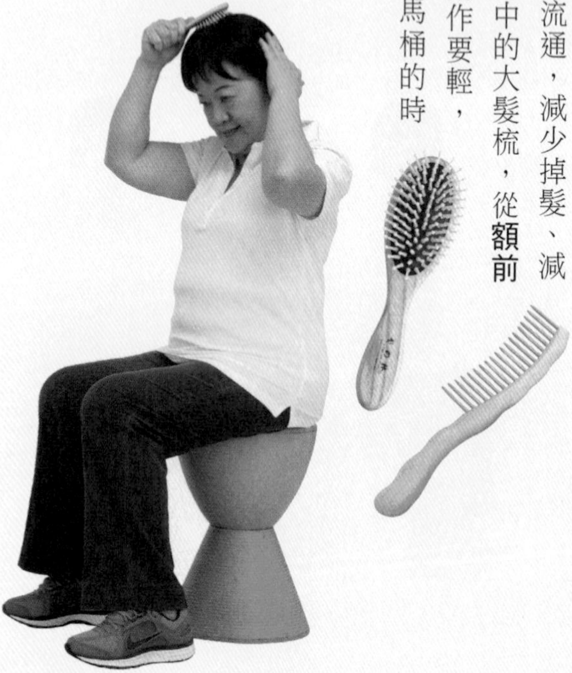

按摩頭皮

將雙手的**手指張開，伸入頭髮內，然後用力按壓頭皮**，並且不停移動位置，讓整個頭皮都按摩均勻，這個動作可以很快消除頭昏腦脹的感覺，讓頭皮的血液流通順暢，可以讓整個人輕鬆起來，但是要記得洗手，畢竟頭髮還是有油垢，洗完手，再做事或吃東西，才符合衛生安全。

每天拍臉一百下

洗完臉，趁著水漬未乾的時候，**雙手輕拍兩頰，並慢慢延伸到額頭、下巴所有臉部的部位**。早晚兩次，早上可以喚醒皮膚吸收清新的空氣，晚上可以幫皮膚吸收保養品，讓自己一夜好眠。

雙手手指抓緊

雙手只是抓緊、張開，再抓緊、張開而已，反覆一百下，可以讓手指靈活，幫助手部的血液流通，避免長時間打電腦變得僵硬，防止手指發麻。這個動作適合在等公車或等人的時候，只要雙手閒著就可隨時隨地做，時間不限長短，有時間就做，累了就停，非常方便。

按摩穴道

我們的雙手充滿了各種穴道，無論在坐著或任何需要等候的空檔裡，只要雙手空著，就可以做這些動作來疏通筋絡，既不花錢又充分利用時間，最重要可以因此而舒暢，是最不費勁的運動了。

右手掌向下，用左手的拇指和食指壓住虎口上方凹入的合谷穴，大約三秒鐘鬆開，再按再鬆開，做20下，換另一隻手同樣動作再做20下，可以防止頭暈，恢復疲勞。

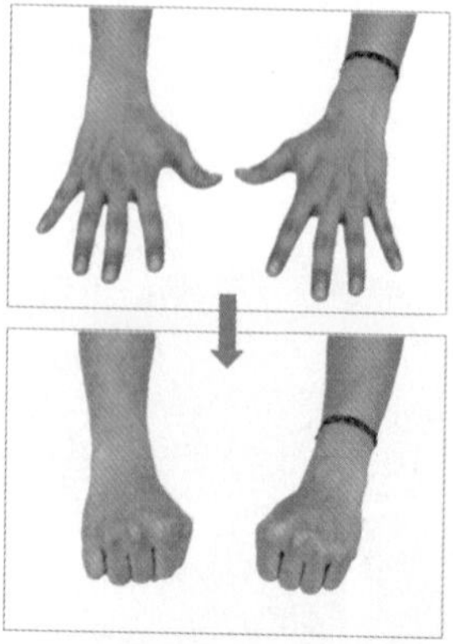

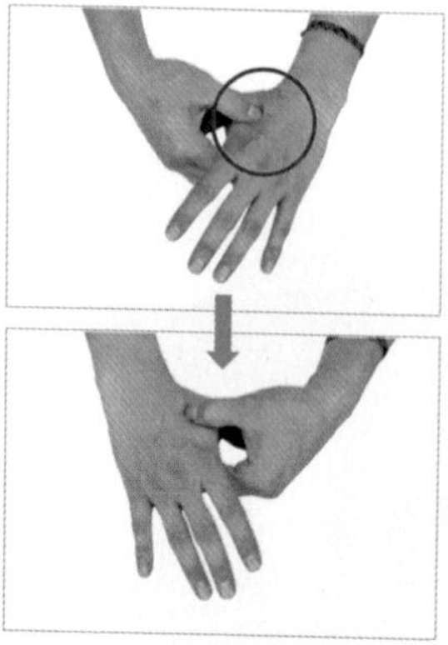

每天抽空拍背

去年有位朋友送我一本《善待細胞，可以活得更好》台大李豐醫師的書，還送我一條書中提到的黃豆棍棒，由於袋子有一端沒有封口，只用橡皮筋束緊，我怕袋口會漏，所以用針把另一端也縫緊，同樣還是在原來的位置束上橡皮筋，然後用手抓住沒有豆子的地方，用力甩向後背，不同的位置可以拍打到不同的穴道，**兩手交換著拍打，大約一百下左右，可以讓整個背部變得輕鬆起來**，好像血液都流通得特別順暢，非常舒服。

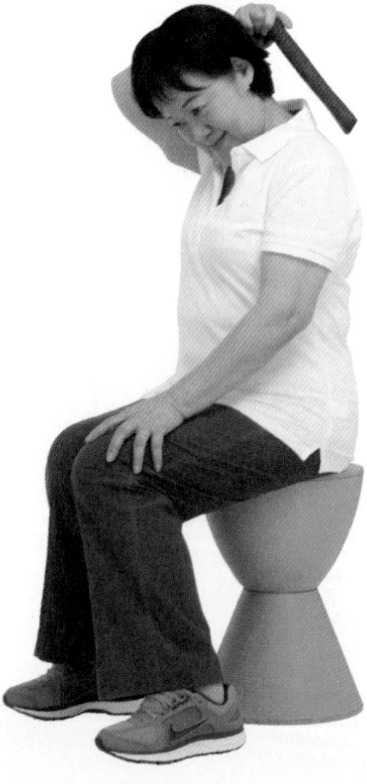

後記／梁瓊白

時間過得真快，轉眼之間我從罹癌到療癒，已經滿十年了，感謝和信醫院的治療團隊，一路陪伴、照顧，讓我能從驚慌恐懼中一步步充滿信心的走向健康，回頭再看那段摸著石頭過河的日子，內心充滿感恩，也有無限感慨。

我們永遠無法預知生命什麼時候會出現變數，但在走過之後，一定要從每一段變數中學習到一些經驗，「活在當下、珍惜眼前」是我現在最大的體悟。這段時間我的先生走了，結束了他病痛多年的身體，他原可以輕鬆無負擔的享受退休生活的，卻是輾轉病榻多年，飽受折磨而去，有幾位生病的朋友，陸續的離去了，還有一些原本健康的朋友生病了，人過中年，更容易面臨生老病死的現實。

但是，如果悲觀，日子就被困在無盡的愁雲慘霧中，換種心情，開開心心的過，日子便充滿陽光，說不定有更多奇蹟可能轉變生活，改變生命，何必在苦難來臨前先自我囹圄？人生苦短，生老病死、天災人禍、很多時候都不是人力所能掌控或預知的，聽天由命也許悲觀了些，樂天知命卻值得學習。

「少年聽雨歌樓上、紅燭昏羅帳」「壯年聽雨客船中，江闊雲低、斷燕叫西風」「如今聽雨僧廬下、鬢已星星也」，人生不同的階段，我都努力又盡興的揮灑過不同的彩筆，換得的掌聲和光環也許薄弱，卻也知足，如今的心情在看盡過風華、領受過冷暖，歷經過病痛之後，已能淡定的看待**「悲歡離合總無情，一任階前，點滴到天明。」**

未來，只願平靜、平淡、平安。

梁瓊白的五心級抗癌美食 修訂版

悅讀健康系列 HD3092X

作　　者／梁瓊白
選 書 人／林小鈴
主　　編／陳玉春

行銷經理／王維君
業務經理／羅越華
總 編 輯／林小鈴
發 行 人／何飛鵬

出　　版／原水文化
台北市民生東路二段141號8樓
電話：（02）2500-7008　傳真：（02）2502-7676
網址：http://citeh2o.pixnet.net/blog　E-mail：H2O@cite.com.tw
發　　行／英屬蓋曼群島商家庭傳媒股份有限公司城邦分公司
台北市中山區民生東路二段141號2樓
書虫客服服務專線：02-25007718；25007719
24小時傳真專線：02-25001990；25001991
服務時間：週一至週五9:30～12:00；13:30～17:00
讀者服務信箱E-mail：service@readingclub.com.tw
劃撥帳號／19863813；戶名：書虫股份有限公司
香港發行／香港灣仔駱克道193號東超商業中心1樓
電話：852-25086231　傳真：852-25789337
電郵：hkcite@biznetvigator.com
馬新發行／城邦（馬新）出版集團
41, Jalan Radin Anum, Bandar Baru Sri Petaling,
57000 Kuala Lumpur, Malaysia.
電話：603-905-78822　傳真：603- 905-76622
電郵：cite@cite.com.my

城邦讀書花園
www.cite.com.tw

封面設計／行者創意・許丁文
內頁設計／于亦兆
繪　　圖／盧宏烈（老外）
攝　　影／徐榕志
攝影助理／簡浩淳
製版印刷／科億資訊科技有限公司
初　　版／2013年5月23日　初版6刷／2016年6月3日
修訂一版／2018年4月17日　修訂一版2刷／2020年11月17日
定　　價／350元
ISBN／978-986-5853-04-4（平裝）
EAN／471-770-2902-84-1

國家圖書館出版品預行編目(CIP)資料

梁瓊白五心級抗癌美食 / 梁瓊白著. -- 初版. -- 臺北市 : 原水文化出版 : 家庭傳媒城邦分公司發行, 2013.05

面； 公分. -- (悅讀健康系列 ; HD3092)

ISBN 978-986-5853-04-4(平裝)

1.乳癌 2.健康飲食 3.食譜

416.2352 102007162